おいでよ！

パンダ沼への招待状

パンダ沼への招待状

こんにちは！
いきなりのお便り、失礼いたします。
パンダのことが好きで好きでしかたなくなる「**パンダ沼**」へ、
あなたをご招待いたします。

誰でも知っている人気者のパンダ。
この本を手に取ったあなたも、きっと「パンダってかわいいよね」と
思っているのではないでしょうか？

でもきっとあなたはまだ、パンダの本当の魅力を知らないはず。
パンダには知れば知るほどおもしろく、愛しく感じられる魅力がいっぱい！

「パンダ沼」の住人たちには、パンダを好きになったことをきっかけに
動物たちへの興味が広がったり、パンダの置かれている状況を知って
地球環境に関心をもったり、動物を飼育することの意義や使命に思いを馳せたりと、
パンダとの出会いが広い世界へ目を向けるきっかけになったひとたちもいます。

でも、最初はそんなことを考えずにただ、のんびりゆるく生きるパンダたちを
ながめて、日々の疲れを癒やされてみたらいいのかもしれないですね。

その先はどこまでも深く続いている「パンダ沼」へ、
この本があなたがふみだす最初の一歩となれたらうれしく思います。

「**1章 パンダってナンダ？**」には、知られざるパンダのトリビアが満載。
例えば、パンダがどうして竹を食べるようになったか、知っていますか？
パンダが器用に木に登ることができることは？
そして、降りるのはちょっぴり苦手だということも……。

「**2章 推しパンダ図鑑**」には、2024年2月現在、
日本にいる9頭のパンダの詳しいプロフィールと、
かわいさ満点の写真がぎっしり。
さらに、時代ごとの「パンダ事情」の解説やパンダ家系図とともに、
これまで日本にいたことがある歴代パンダたちもご紹介します。
是非、あなたの推しパンダを見つけてください。

「**3章 パンダの飼育奮闘記**」では、実際にパンダを飼育している飼育員さんに聞いた、
動物園の舞台裏をこっそり教えちゃいます！
ふたごの赤ちゃんパンダ・シャオシャオとレイレイの成長記録もたっぷり。
ただ「かわいい」だけじゃない、パンダの飼育ならではの苦労と喜びを知って、
動物に携わるプロフェッショナルな仕事に触れることができます。

最後の「**4章 パン活のすゝめ**」では「パンダ沼」にハマっている先輩たちからの
推し活アドバイスも！

さぁ、あなたもわたしたちと一緒に、ゆるくて深い「パンダ沼」へ……。

まるまる、わんぱく、ふわふわ……！
いったいどんな言葉をつかえば、
このかわいさを表すことができるのでしょうか……！

ぺたん。
ひなたぼっこしながらお昼寝なんて、なんたるしあわせ……！

ふたごが一緒にごろごろ〜ん！

提供：（公財）東京動物園協会

もくじ

カバーうしろの
こたえは、
シャンシャンだよ！

提供：［クレジット記載がないもの］すべて高氏貴博

1章

パンダってナンダ？

基本の生態から
明日誰かに教えたくなる
トリビアまで

パンダはなぜ竹を食べるの？　パンダの顔がまるい理由は？　などなど、パンダの知られざるトリビアを大公開！

中国の限られた場所にだけすむ不思議な動物、ジャイアントパンダ。肉食動物であるクマのなかまなのに竹を食べ、なんとも言えない白黒の体をして、ふだんは寝てばかりいる、そんなパンダの体や行動を知り、パンダ本来の姿にせまります。

パンダの体はこうなっている！

パンダのことをよりよく知るために、まずはパンダの体のそれぞれの部分をじっくりと見てみましょう。意外と気づいていなかったり、まちがって覚えていたところがあるかも？

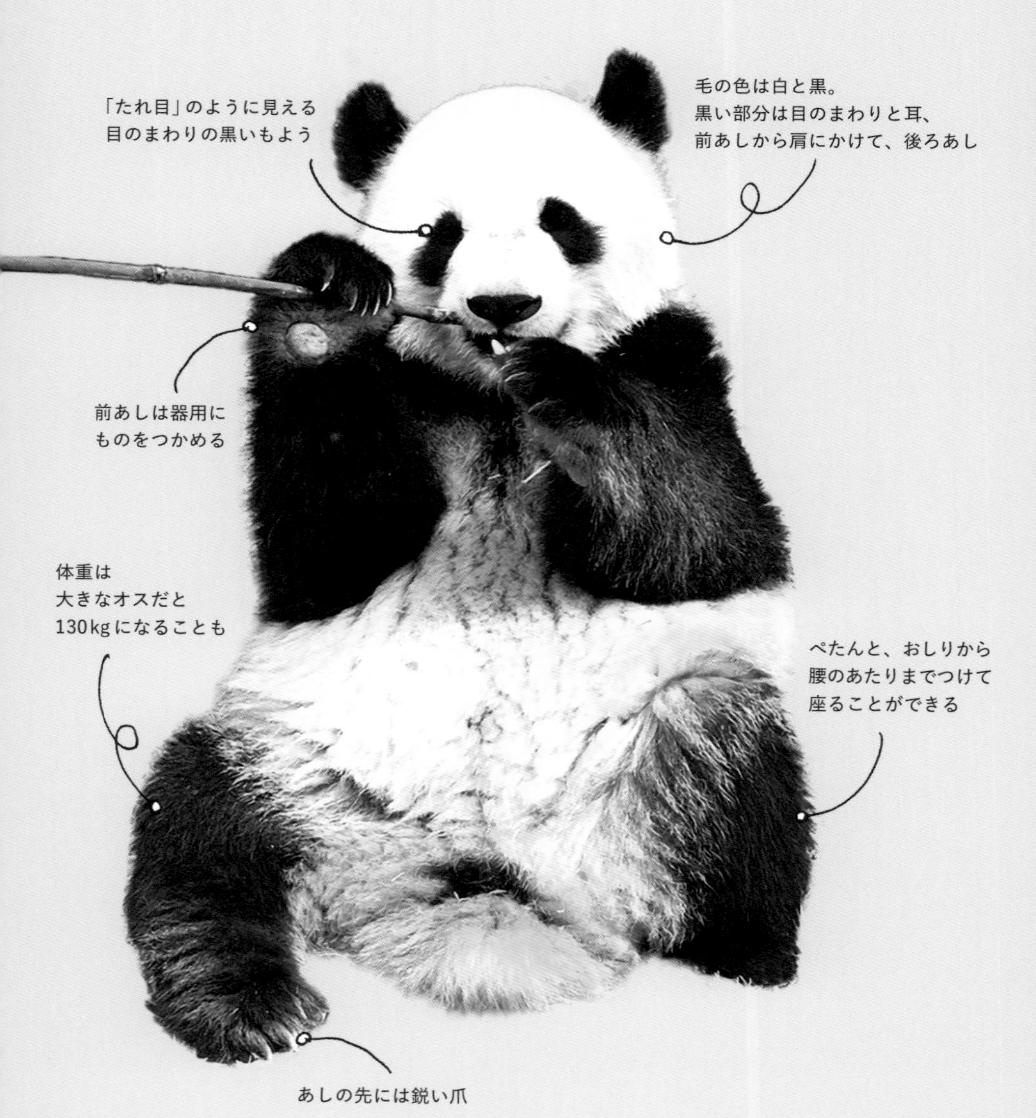

提供：（公財）東京動物園協会

野生のパンダはどんなくらしをしているの？

わたしたちは動物園でしかパンダを見ることができませんが、野生のパンダはどのようなところでくらしているのでしょうか。野生パンダのくらしを知ることで、パンダの行動や性質をよりよく知ることができます。

中国の涼しい高山に住んでいる！

野生のパンダは、中国の甘粛省、四川省、陝西省の標高1300～3500ｍの高地にくらしています。標高が高いため涼しく、気温が25°Cを超えることはほとんどありません。冬には雪も降ります。パンダにとっては5～20°Cくらいの気温が理想的なようです。冬になると少し標高の低い地域に移動しますが、冬眠はしません。外敵は少なく、食べものも周囲で簡単に手に入るので、他の野生動物にくらべて行動範囲は狭いようです。

生息地の特徴

- 標高1300～3500ｍ（多くは2500ｍ以上）
- 竹が豊富にある竹林や森
- １年中竹が手に入る
- 雪が降ることもある

群れをつくらず、基本的に「おひとり様」！

パンダは単独生活で、ふだんは縄張りをもってひとりぐらしをしています。ひとりぐらしどうしのオスとメスが出会って子どもができると、オスはまたひとりぐらしにもどり、メスだけが子どもを育てます。子どもは、野生では１歳半ごろに母親のもとを離れますが、それから１年くらいは母親の行動圏内にいます。２歳半ごろになって、本格的なひとりぐらしをはじめるようです。

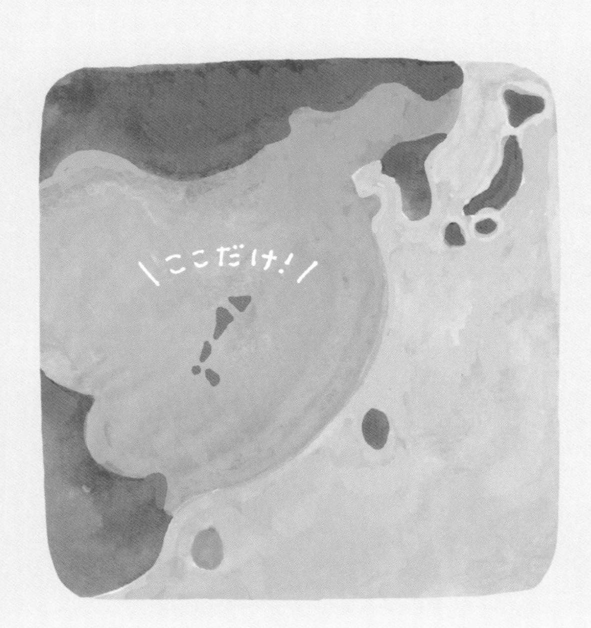

限られたすみかと絶滅の危機

野生のパンダの生息地は九州の半分ほどの範囲しかなく、数は全部で1900頭ほど。1970～80年代には1000頭ほどと推定されていたので、そのころより増えていますが、まだまだ絶滅のおそれがあるといえます。中国には多くのパンダの保護区があり、四川省の7つのパンダの自然保護区は世界遺産にも登録されています。

実はしょうがなく竹を食べるようになった

パンダといえば「竹を食べる動物」として知られます。実は竹以外のものを食べることもありますが、主食はあくまでも竹。でも竹って、固くて食べにくく、消化しにくいため栄養もあまりとれない……というなかなか難しい食べものです。どうしてパンダはわざわざ竹を食べるのでしょう？

パンダのご先祖様は肉を食べていた

化石などの研究から、パンダの祖先にあたる動物は肉食だったと考えられています。競争相手から逃れて、竹がうっそうと茂る山岳地帯の奥地にすむようになったパンダの祖先。そこで周囲に豊富にあり、冬にも枯れない竹を主食とするのに適応したことによって、ほかの動物との食べものの奪い合いがなくなり、現代まで生きのびることができたのです。

コラム

パンダが食べるのは竹？ 笹？

パンダが食べるのは竹、と言うと「あれ、笹じゃないの？」と思うひとがいるかもしれません。そもそも竹と笹の違いって？竹も笹も同じグループの植物で、成長するとタケノコの皮（稈鞘（かんしょう）といいます）が落ちるのが竹、そのままくっついているものが笹、とされています。同じグループの植物なので、パンダはどちらも食べます。そして、実は竹と笹を分けているのは日本だけで、中国ではどちらも「竹」です。つまり、パンダが食べるのは竹と笹、どちらも正解なんですね。

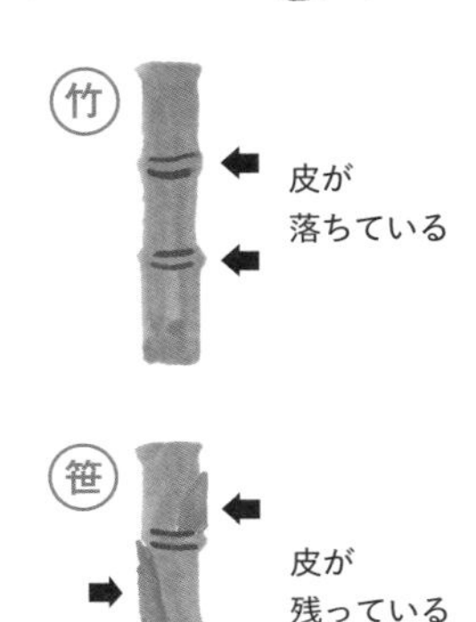

パンダトリビア 02

食いしんぼうなのに、食べてもほとんど栄養にならない

カリッパリッ

ご先祖様は肉食だったパンダは、「無理をして」竹を食べています。パンダの体を調べてみると、胃腸などの消化器官はほとんど肉食動物のまま。だから、多い時期には１日の半分以上の時間を食事に費やして20〜30kgもの竹を食べるのに、栄養になるのはたったの20%以下。ほとんどは消化できずにうんこなどになって出てしまうのです。

どうやって竹を食べてる？

パンダトリビア 03

竹を食べるのに便利な「6本目の指」がある

パンダの指は５本ありますが、すべて同じ方向を向いているので、ものをうまくつかむことができません。実はパンダの前あしには、親指側の手首の骨が大きくなってできた出っ張りがあります。これをつかうことで、竹をつかむことができるのです。出っ張りは正確に言うと指ではありませんが「６本目の指」ともよばれています。

固い竹は臼歯でかみくだき、すりつぶす

パンダの歯は、竹を食べるための特別仕様です。2本の牙が目につきますが、これは肉食動物のなかまの証。そして特徴的なのは、大きくてデコボコした臼歯（奥歯）。竹をすりつぶすためにこんなに発達しているのです。パンダが竹の稈（茎）を食べるときは、犬歯で割り、前臼歯で皮を剥いて、そのあと奥の臼歯でかみくだき、すりつぶしていきます。

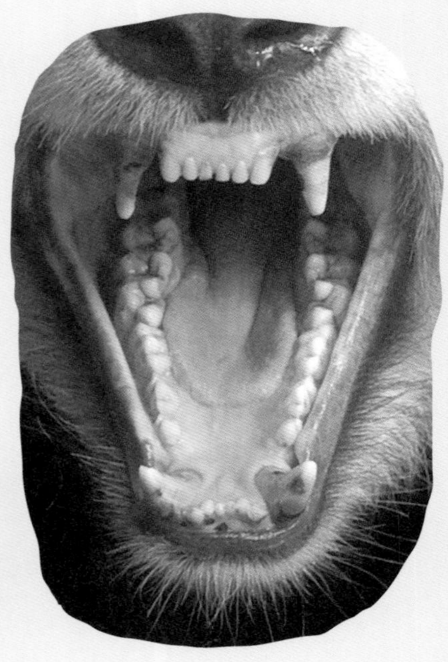

竹をかんでいるから、虫歯になりにくい

竹の固い繊維をかむことで歯みがきのような効果があるようで、パンダはあまり虫歯にならないのだとか。

パンダには利き手みたいなクセがある

右と左、どちらの前あしをよくつかうかは、パンダごとにちがうようです。わたしたちの「利き手」と似たようなクセがあるんですね。ただし、パンダによっては利き手がはっきりしなかったり、成長するにしたがって変わったりすることもあるようです。

ごはんには決して妥協しないグルメアニマル

パンダはとてもグルメで、与えられた食べものをなんでも食べるわけではありません。パンダが１日に食べる竹の量は、時期によりますが20〜30kgほどもあり、あげる量はその倍以上。その中から、食べたいものだけを選んで食べるのです。鮮度にもきびしく、古くなった竹は食べてくれないので、動物園では保管している竹にスプリンクラーで定期的に水をかけて鮮度を保っているそうです。

コラム
動物園のごはん事情

主食の竹は、1種類ではなく何種類かを選んで取り寄せます。1日に1頭に与える竹の量は多いときで60kgにもなるので、運ぶのも一苦労。竹以外に、春に採れるタケノコもパンダたちの大好物。そのほかに、上野動物園ではリンゴやニンジン、そして特製のパンダだんごもあげています。

提供：（公財）東京動物園協会

パンダだんご
とは……

パンダだんごは、米粉やトウモロコシ粉、大豆粉、卵などをまぜて蒸したもの。栄養たっぷり。

パンダトリビア 08

おいしいものを食べるときは目をつむりがち

グルメだからこそ、気に入ったものを食べるときにはすごくしあわせそう。目をつむって、味わうように食べる姿は、こっちまでしあわせになっちゃいます。

水を飲むときは、舌をぴちゃぴちゃさせたりせず、水面に直接口をつけて吸って飲みます。

パンダトリビア 09

水面に口をつけて水を飲む

すやすやパンダ！

パンダトリビア 10

ほかのクマとちがって冬眠はしない

クマといえば、冬になると穴の中などにこもり、数か月もの間ほとんど何も食べず眠り続ける「冬眠」をすることで有名ですね。でもパンダは寒い山地にすんでいるにもかかわらず、冬眠をしません。

冬でも竹が手に入るので冬眠がいらない

多くのクマが冬眠するのは、食べものである木の実や小動物が、冬になると手に入りにくくなるから。パンダが食べる竹は冬でも枯れず、１年中手に入るので、冬眠する必要がありません。

パンダ
トリビア
11

1日の半分近くを寝てすごす！

木にしがみつきながら、ぐっすり

パンダの睡眠時間は長いときで12時間以上！ 1日のうちの半分近くを寝てすごしているんです。続けて寝るわけではなく、夜中でもおなかがすいたら目を覚まして、ごはんを食べてまた寝る……のくり返しです。「なんてうらやましい！」と思っちゃいますが、睡眠は栄養の少ない竹をがんばって消化するための大事な時間。いつでも、どんな体勢でも寝てしまう、眠りの達人と言えます。

パンダトリビア 12

いびきをかいたり寝言を言うことも！

寝ているパンダをじっくり観察していると、ときどき人間そっくりないびきが……。さらに、飼育員さんの証言では、寝ながら「フガフガ」となにかしゃべっていることもあるとか。

パンダトリビア 13

パンダも夢を見る!? ……かどうかは現在研究中

パンダが夢を見るかどうか、まだはっきりとしたことはわかっていません。でも寝ているときのパンダの動きや、何かを訴えるような寝言は、やっぱり夢を見ているような気がしてきますね。

いい夢
見てるのかな……？

よじよじパンダ！

パンダトリビア 14

木登りがとくい！ ……でも降りるのはちょっと苦手

実はパンダは木に登るのがとくい。子どものときから遊びのひとつとして木登りをします。前あしと後ろあし、ときに首の力もつかって、かなりの速さでするすると登ります。木の上が落ち着くようで、登ったままのんびりしていることもよくあります。

「登るのは2分、降りるのは2時間」なんて言葉も……

よく木に登るパンダですが、降りるのはちょっと苦手な様子。多くのパンダが、登るときよりずっと時間をかけて、おしりからずるずると慎重に降りてきます。かつて高いところに登ったまま降りられなくなった子パンダが、飼育員さんに抱えられて降ろされたこともあったのだとか。

提供：（公財）東京動物園協会

小さなころから木登りの練習！

まだ親離れしない幼いころから、遊びながら木に登る練習をします。個体差がありますが、生後150日ほどで丸太によじ登れるようになります。

コラム

木に登るのはなんのため？

野生のパンダが木に登るのは、おもに子どものパンダが天敵から身を守るためだと考えられています。おとなのパンダをおそう動物はほとんどいませんが、子どもはヒョウなどの肉食獣の標的になることがあります。お母さんが天敵を追い払っている間に迷子になったりしないように、安全な木の上に避難するのです。

パンダトリビア 15

鋭い爪で、しっかり木につかまる！

パンダが木に登るときには、前あしと後ろあしの鋭い爪をつかってしっかりと木にしがみつきます。木にしがみつくことで、爪を研ぐ効果もあります。

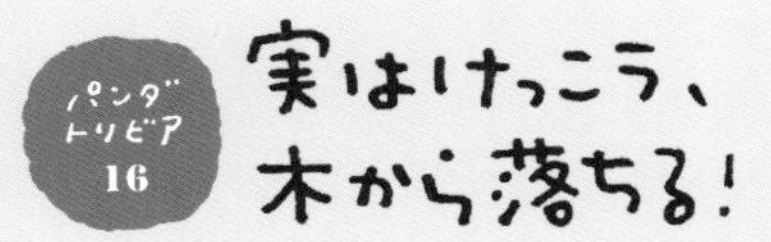

パンダトリビア 16

実はけっこう、木から落ちる！

とはいえ、パンダも木から落ちることはあります。特に子どものころはまだ木登りが下手で、ころころと転がり落ちます。けっこう高いところからも落ちるので心配になりますが、パンダは皮膚が厚くて体の関節がとても柔らかいため、落ちてもけがをしにくいのです。

ふわふわパンダ！

パンダトリビア 17

ふわふわに見える毛は、実はごわごわ

パンダの毛はぬいぐるみのようにふわふわ……と思いがちですが、それは生まれたばかりの赤ちゃんだけ。大きくなったパンダの毛はかなりの剛毛で、ごわごわした手ざわり。しかもけっこう油分があります。

パンダトリビア 18

あしのうらには長い毛がびっしり

パンダのあしのうらにはイヌやネコのような肉球がありますが、肉球の間に生えている毛がとても長く、肉球が見えなくなるほどふっかふか。このふかふかのあしのうらが、雪深いパンダの生息地で、すべり止めや防寒の役目を果たしているのです。

提供：アドベンチャーワールド

「白黒」のヒミツにせまる！

コラム

なぜパンダの毛が白黒に色分けされているのか、気になりますよね？
はっきりした答えはわかっていませんが、いくつかの仮説があります。

仮説① 雪の中で目立たない？

パンダのすむ高山は雪が積もることが多い環境です。そこでは、白い部分が雪に、黒い部分が岩や木の影などにとけこんで、天敵に見つかりにくく、生き残るのに有利だったのではないかと考えられています。

仮説② 黒い部分は「寒さ対策」？

パンダの黒い部分は、目のまわりと耳、肩から前あしにかけてと後ろあし。耳やあしは寒いときに冷たくなりやすい場所でもあります。黒は熱を吸収してあたたまりやすい色ですから、黒いことが寒さ対策に役立っているのかもしれません。

提供：神戸市立王子動物園

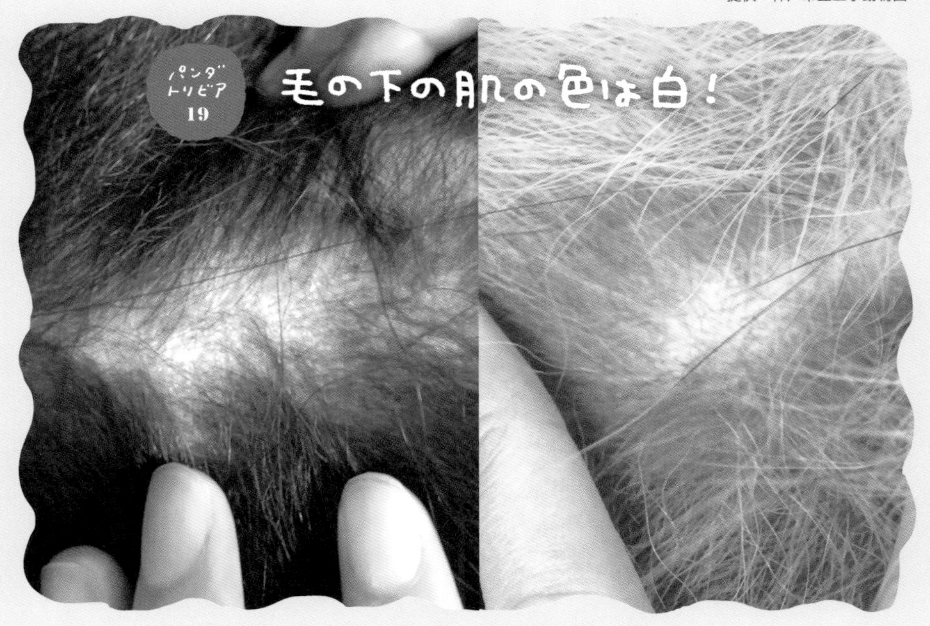

パンダトリビア 19

毛の下の肌の色は白！

提供：（公財）東京動物園協会

パンダトリビア 20

生まれたては、白黒じゃない！

写真は、生まれてから5日目の赤ちゃんパンダ。まだうっすらとしか毛が生えていないので、白黒ではなくピンク色の肌です。

パンダトリビア 21

ほんのりピンクは愛情の証

生まれて30日目には毛がのびてきて、白黒がはっきりしてきます。全身がほんのりピンク色なのは、実はお母さんのだ液によるもの。お母さんが赤ちゃんの体をきれいにするため何度もなめてくれた証なんですって。

提供：（公財）東京動物園協会

おトイレパンダ！

パンダトリビア 22

パンダのうんこは、竹のにおい！

パンダは主食としている竹のほとんどをうまく消化できず、その約80％がうんことして出てしまいます。ですからパンダのうんこは、竹がそのまま出てきたような緑色や黄色っぽいうんこ。竹の香りがします。新しい畳みたいなにおい、なんて言うひとも。竹以外のものを食べたときは、うんこですぐわかります。

パンダトリビア 23

うんこのときにはしっぽをピッと上げる

しゃがんで、しっぽをピッと上げたらおトイレの合図。

パンダトリビア 24

食べながらうんこをすることも……

寝ながら、食べながら……いつでもどこでも、たくさんのうんこは健康の証。

提供：（公財）東京動物園協会

パンダトリビア 25

逆立ちしておしっこすることがある

なんと、パンダが逆立ちしておしっこすることがあるのを知っていましたか？　これはいわゆる「マーキング行動」。自分のにおいをつける場所が高ければ高いほどにおいを遠くまで届けたり、自分を大きく見せたりできるなどの理由から、なるべく高いところにおしっこをかけようとするのです。繁殖期のオスによく見られる行動です。

提供：（公財）東京動物園協会

パンダトリビア 26

マーキングは縄張りと恋のアピール

パンダのマーキングは、自分の縄張りを主張するためと、繁殖期に異性にアピールするためにおこないます。ふだんからマーキングをしますが、年に1度の繁殖期には頻度が格段にあがります。
おしりにある「臭腺」から出るにおい物質とおしっこをつかって、いろいろなところに自分のにおいをつけます。

じーっとパンダ!

パンダトリビア
27

目のまわりの黒い部分は、敵をひるませるためにある!?

パンダの目のまわりの黒い部分は、「アイパッチ」とよばれます。顔の中で目のまわりだけが黒いのは、目を実際よりずっと大きく見せて敵を驚かせるためという説があります。ほかに、強い光から目を守るためやなかま同士で個体を見分けるためにつかっているのでは？などとも言われています。

＼目はあまりよくないけど、すこしなら色を見分けられる／

パンダトリビア 28

本当の目は実はけっこうつり目

パンダが「ゆるく」見えるのは、アイパッチがたれ目のように見えるからかもしれません。でもパンダの本当の目は、きりっとしたつり目で、意外と鋭い目をしています。

パンダトリビア 29

鼻はとてもよく、50m離れたところのにおいがわかる

パンダの嗅覚はとても優れていて、野生ではにおいで敵を避けたり、繁殖のために異性のパンダを探し当てたりします。動物園では、竹のにおいをくんくんとかいで、おいしいごはんを選んでいるところが見られるかも。

マッチョなパンダ！
パンダトリビア
30
まんまるの顔は
ほとんど筋肉

コラム

パンダの顔の骨はまるくない！

パンダの顔の骨を見てみると、意外にもあごのあたりがほっそりとしているのがわかります。まんまるに見える顔のほっぺたあたりは、すべて筋肉！

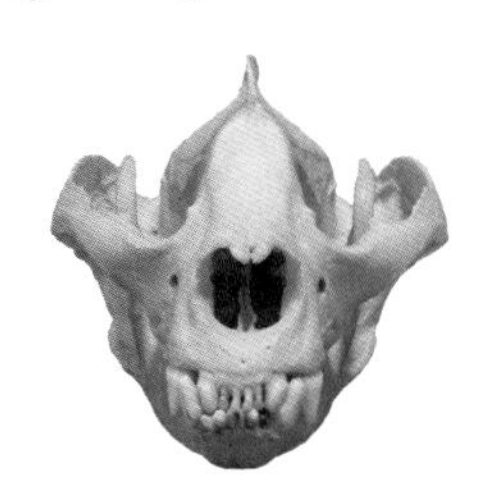

パンダは固くて消化が難しい竹をいつもかんで食べているため、ほっぺたにある、下あごを動かすための筋肉がぶ厚く発達しているのです。また、かむときには、ほっぺたの筋肉とつながるこめかみのあたりの筋肉もつかいます。そのため、パンダが竹をかんでいるときには、頭から耳のあたりがぴくぴくと動いて見えます。ぜひ観察してみてくださいね。

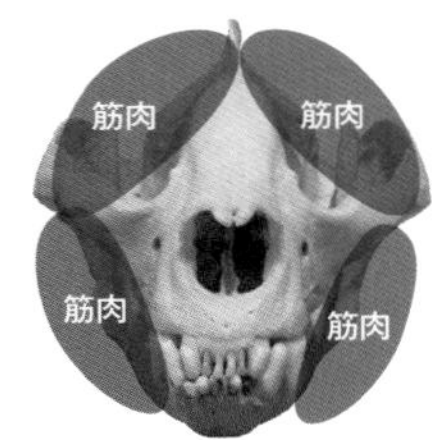

提供：（公財）東京動物園協会

提供：（公財）東京動物園協会

パンダトリビア 31

動物園では運動量を増やす工夫をしている

野生の環境とはちがい、限られた動物園のスペースでは、どうしても運動不足になりがち。動物園では、運動量を増やす様々な工夫を加えて、飼育動物の環境を豊かで充実したものにする試みがおこなわれています。左写真のパンダは、パンダだんごを取ろうと立ちあがっているところです。ほかにも、わざと食べものを取りにくくするしかけなどでパンダの運動を促し、それらが結果として、繁殖時につかう筋力保持のためにもなっています。

ガオーッなパンダ！

パンダトリビア
32

本気を出すと、時速30kmで走る

ふだんはのんびりしているパンダですが、驚いたときや敵から逃げるとき、そして興奮して遊んでいるときなどはかなりのスピードで走ります。本気を出せば時速30km以上になるとか。人間よりずっと速いのです。

かわいいけど危険な「猛獣」

パンダはかわいらしい動物ですが、おとなの体重が100kgをこえるクマのなかまであり、爪も牙も鋭い「猛獣」です。人間におそいかかるようなことはめったにありませんが、動物園ではオリをへだてて対応し、パンダを移動させるときなどは、必ず2人1組となっておこなっているようです。

パンダトリビア 34

暑さに弱く、25℃以上はあぶない

パンダの故郷は標高1300m以上の山岳地帯の森林。冬は一面の雪におおわれる寒いところです。パンダの体はいわば「寒冷地仕様」ですから、寒さには強いですが暑さは大の苦手。日本の夏はパンダにとって暑すぎるようです。動物園では、暑い日は室内で展示したり、ときどき氷をプレゼントしたり、いろいろと工夫をしています。

パンダの部屋はエアコン完備

暑さに弱いパンダがすごす部屋は、もちろんエアコンが完備されています。わたしたちに癒やしをくれるパンダたちには、ぜひ快適にすごしてほしいですよね。

提供：（公財）東京動物園協会

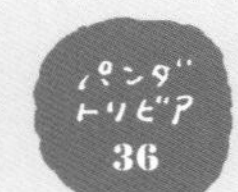

雪はへっちゃら

動物園に雪が降ると、パンダたちはどことなくうれしそう。寒さなんてどこ吹く風です。そして雪の中のパンダは、絵になります！

2章

推しパンダ図鑑

それぞれのちがいを知り、
あなたの「推しパンダ」を
見つけよう！

パンダは1頭1頭、体の特徴も性格もちがいます。その一例として、2024年2月現在、日本で飼育されている9頭のパンダの特徴をまとめた図鑑を、愛くるしい写真満載でお届けします。パンダの名前を覚えて見分けられるようになると、パンダめぐりの楽しさは倍増！

また、日本の動物園のパンダを取り巻く環境は、時代とともに変化していきます。そんな「パンダ事情」の解説と、とっておきの「パンダ家系図」とともに、これまで日本にいたことがある歴代パンダたちをご紹介します。

あなたの「推しパンダ」につながるヒストリーを、一緒に見ていきましょう。

長い歴史で得られた知見がぎゅっと詰まったパンダの聖地

上野動物園

日本にある動物園の中で、最も古い歴史をもつ上野動物園。日本ではじめてパンダがやってきた場所であり、日本で1番長くパンダを飼育しているところでもあります。パンダの生態はまだまだわからないことばかり。上野動物園は、中国パンダ保護研究センターなどと力をあわせ、繁殖や研究に積極的に取り組んでいます。

INFORMATION

住　所	東京都台東区上野公園9-83
電　話	03-3828-5171
開園時間	9:30〜17:00（季節や入園門などによって変動あり）
休園日	月曜日（月曜日が国民の祝日や振替休日、都民の日の場合はその翌日が休園日）、年末年始（12月29日〜翌年1月1日）
入園料［1日入園券・個人］	一般600円、65歳以上300円、中学生200円、都内在住・在学の中学生・小学6年生まで無料　※そのほかの場合は上野動物園公式サイトをご覧ください

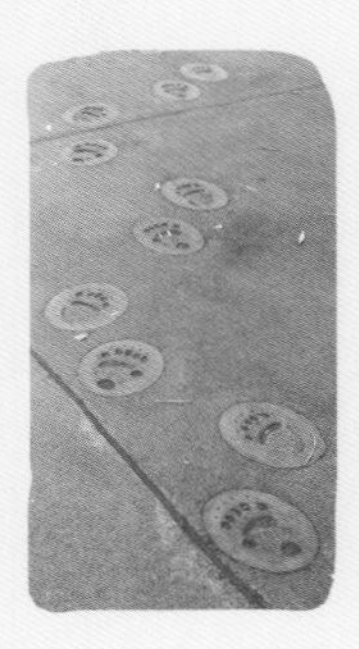

あしあとのレプリカを発見！

入り口にちりばめられた、あしあとや爪あと、うんこのレプリカを見つけたら、気分はまるでパンダ探険家。

中国の森の奥に思いを馳せて

中国風の建物の屋上には木が植えられ、その奥には上野の森が見えます。野生パンダが生息している森の深さを想像してみましょう。

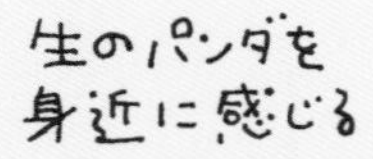

ガラスがなく、パンダを直接観察できる放飼場もあります。鳴き声や竹を食べる音、においなど、生のパンダを感じることができます。

みんなは パンダのもり にいるよ～！

2020年にオープンした「パンダのもり」は、中国と協力して飼育・繁殖・研究をおこない、野生のパンダの保全に役立てる施設です。

会えるのは

リーリー （⇒P.056）

シンシン （⇒P.060）

シャオシャオ （⇒P.064）

レイレイ （⇒P.068）

モニター室や竹庫も完備！

バックヤードには、パンダの様子を24時間録画し観察できるモニター室や、竹の鮮度を保つために湿度に応じてミストが噴射される竹庫などがあります。パンダを健康に管理するとともに、まだ未解明なことの多いパンダを研究するための設備がばっちり整っています。

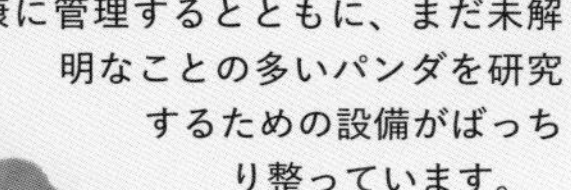

提供：（公財）東京動物園協会

提供：（公財）東京動物園協会

すごしやすい室内環境

生息地の気候に近い環境を保てる室内施設。飼育頭数にあわせ、2つの部屋を連結することもできます。

リーリー（カカ）

DATA ※すべて2024年2月時点

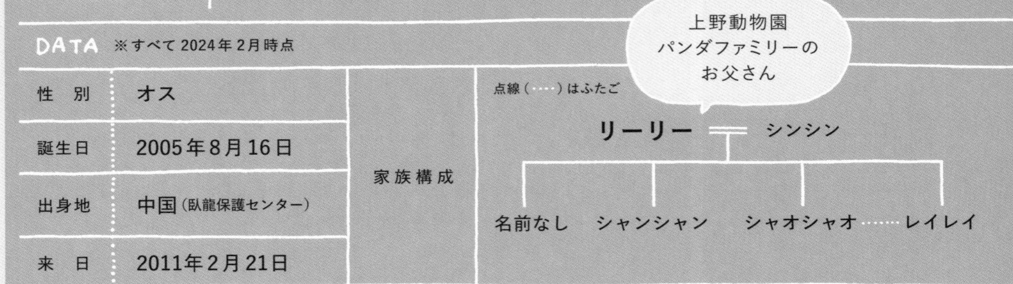

性別	オス
誕生日	2005年8月16日
出身地	中国（臥龍保護センター）
来日	2011年2月21日
家族構成	リーリー＝シンシン／名前なし、シャンシャン、シャオシャオ……レイレイ

見分け方ポイント　ピンッとしている頭のとんがりに注目

上野動物園の
飼育係さんからの

／ 推しコメント ＼

優しく穏やかな性格ですが、用心深いところがあり、慣れないことは慎重に進めるタイプです。一方で、急に興奮して走り出したり、木に登ったり、地面を転げまわったりするなどのアクティブな一面もあります。あしをすべらせて転ぶなど、少しおっちょこちょいな面も持っています。飼育係の姿を見つけると大きな声で鳴いて駆け寄ってきたり、真っ直ぐな瞳で見つめてきたりする、アピール上手な二枚目です。シンシンとともに段々と高齢に近づいてきたため、より健康に配慮した管理をおこなっています。トレーニングでは、これまでおこなってきた採血に加えて、新たに血圧を測定できるように訓練し、健康状態を把握できるように努めています。

リーリーの
推し
ポイント

おっとりしていて の〜んびり

リーリー
あるある
1

寝ながら食べる

リーリーあるある 2

急にアクティブになる

パンダ図鑑 02

シンシン（真真）

3年ほどパンダが
不在だった上野動物園に、
リーリーとやってきたよ

DATA ※すべて2024年2月時点

性 別	メス
誕生日	2005年7月3日
出身地	中国（臥龍保護センター）
来 日	2011年2月21日

家族構成

点線（……）はふたご

リーリー ＝ シンシン

名前なし　シャンシャン　シャオシャオ……レイレイ

見分け方ポイント | 耳も体も顔の形も、ぜんぶま～んまる

シンシンをいろいろな角度からウォッチング！

上野動物園の
飼育係さんからの

／ 推しコメント ＼

食べることがなによりも大好きな食いしんぼうです。他の個体にくらべて食べものに対する警戒心や抵抗感が少ないため、与えたことのない食べものでもすんなり食べてくれることがあります。さらに、屋外展示場の木の実や雑草など、食べられそうなものがあるとなんでも食べてしまいます……。食事に集中していると、飼育係の呼びかけより目の前の食べものが優先されることもあります。口角があがっているので、一見いつも笑っているかのように見えますが、怒っているときや不満があるときははっきりと態度にでます。トレーニングでは、飼育係の動きや指示のパターンを覚えると、先読みして行動をする賢さももっています。3頭の子どもを育てあげた、頼れる肝っ玉母さんです。

シンシンの推しポイント

たくさん食べるおおらか美パンダ

シンシンあるある 1

食いしんぼう

シンシンあるある 2
かきかきしがち

パンダ図鑑
03

シャオシャオ（暁暁）

DATA ※すべて2024年2月時点

性別	オス	家族構成	点線（……）はふたご リーリー ＝ シンシン 名前なし　シャンシャン　**シャオシャオ**……レイレイ
誕生日	2021年6月23日		
出身地	日本（上野動物園）		

上野動物園で生まれた
はじめてのふたごだよ

皆さんはどう思う？
見分け方は
編集部調べ
観察して楽しもう

見分け方ポイント｜確実なのは、背中につけられた緑のアニマルマーカー！

シャオシャオを いろいろな角度からウォッチング！

［後ろ姿も！］

まるいね

後ろを向いていても、頭のまるさでシャオシャオだとわかることも

［横顔も！］

横顔がリーリーに似てるって言われることが多いけど、どうだろう？

以前は縦にマーカーが描かれていたよ

［歩き姿も！］

上野動物園の飼育係さんからの

／ 推しコメント ＼

感情豊かで、楽しんでいたり怒っていたりすることがとてもわかりやすいです。素直な性格のためか竹の好みもはっきりしていて、好みではない竹には見向きもしません。いつも元気いっぱいで、歩いたり、木に登ったり、レイレイにじゃれついたりと、動きはじめたら止まらない無尽蔵の体力のもち主です。以前は食べるときも寝るときもレイレイにべったりでしたが、最近は1頭ですごす時間が多くなりました。じゃれあいではちょっとしつこいところを見せることが多いですが、嫌なことや怖いことはさっさと忘れるなど、さっぱりした一面もあわせもっています。

シャオシャオの推しポイント

わんちゃな甘えんぼう

シャオシャオあるある 1

じゃれつきがちょっとしつこめ

2023年3月19日まで
お母さんのシンシンと
同居していたときの
様子だよ

シャオシャオあるある 2

好みの竹をきびしく選ぶ

パンダ図鑑 04

レイレイ（蕾蕾）

DATA ※すべて 2024年 2月時点

性　別	メス	家族構成	点線（……）はふたご リーリー ＝ シンシン 名前なし　シャンシャン　シャオシャオ……レイレイ
誕生日	2021年6月23日		
出身地	日本（上野動物園）		

シャオシャオと一緒に
ぐんぐん成長中！

皆さんはどう思う？
見分け方は
編集部調べ
観察して楽しもう

見分け方ポイント　頭のてっぺんが平らに見えることが多い

レイレイを
いろいろな角度からウォッチング！

上野動物園の
飼育係さんからの

/ 推しコメント \

食べることが大好きで、たとえ寝ていてもシャオシャオが竹をもらっている音が聞こえると目を覚まし、いつの間にか一緒に食べています。また、部屋を移動すれば新しい竹がたくさんあるのに、目の前に食べられるものが少しでも残っているとその場から動かなくなってしまい、飼育係を困らせることもあります。普段はのんびりマイペースですが、氷をさわってみたり、木の実をかじってみたりと好奇心旺盛な一面もあります。えさ入りの給餌器（きゅうじき）を与えると、中のパンダだんごやリンゴを取ろうと熱心に取り組んでくれます。食いしんぼうなところはシンシンゆずり……なのかもしれません。

レイレイの推しポイント

ひとり遊びが上手なマイペースガール

レイレイあるある 1

おっとりほっこり〜

おとなしく自分の時間を楽しむタイプだけど、イヤなときはちゃんと主張する一面もある

レイレイあるある 2 わりとなんでも食べる

レイレイは選り好みせずに
なんでも食べる。
自由にたくさん食べる姿に
癒やされる〜

中国以外では世界最多のパンダ繁殖実績を誇る

アドベンチャーワールド

INFORMATION

住　所	和歌山県西牟婁郡白浜町堅田2399
電　話	0570-06-4481（ナビダイヤル）
開園時間	10:00〜17:00（季節によって変動あり）
休園日	不定休
入園料［1日入園券・個人］	大人（18歳以上）5,300円、シニア（65歳以上）4,800円、中人（中学生・高校生／12歳〜17歳）4,300円、小人（幼児・小学生／4歳〜11歳）3,300円 ※そのほかの場合はアドベンチャーワールド公式サイトをご覧ください

中国の成都ジャイアントパンダ繁育研究基地の日本支部でもあるアドベンチャーワールド。これまでに生まれたパンダは17頭。そのうち16頭のお父さんは、2023年2月に中国へと旅立った永明です。動物園、遊園地、水族館などがある広大な施設の中に、パンダがいます。

安心して子育てできる産室

産室にはスタッフとお母さんパンダが安心して子育てをすることができる環境が整っています。

ブリーディングセンター

うんこのにおいをかいでみよう！

うんこはいろんなことを教えてくれる宝物。パンダの生うんこからは一体どんなにおいがするのでしょう!?

春には桜とパンダのコラボも！

屋外もガラスなしでパンダを観覧できます。春には近くの桜が咲き、パンダと一緒にお花見を楽しむことも。

提供：[P72-73] アドベンチャーワールド

みんなは ブリーディングセンターと パンダラブ にいるよ〜!

パンダがくらす施設は2つ。「ブリーディングセンター」は野生動物の繁殖や種の保存の研究を担う施設で、「パンダラブ」は希少動物の繁殖・育成を目的とした施設です。

ブリーディングセンターで会えるのは

良浜 (⇒P.074)

彩浜 (⇒P.082)

パンダラブで会えるのは

結浜 (⇒P.078)

楓浜 (⇒P.086)

室内でも パンダを 感じられる!

屋内外どちらもガラスなしでパンダを観覧することができ、竹を食べる音やにおいで、パンダをより身近に感じることができます。

負担が少ない 健康チェック法を導入!

従来は検査をおこなうために全身麻酔をかけていましたが、2008年より麻酔をかけずに動物側に協力してもらう「ハズバンダリートレーニング」を導入。ご褒美をもらうため、パンダが自ら行動するんですって。

傾斜があるから どこからでもパンダが見やすい!

パンダは斜面に身をゆだねて座るので、だいたいどこにいても竹を食べている顔を見ることができます。

良浜（らうひん）

子だくさんの
ベテランお母さん！

DATA ※すべて2024年2月時点

性別	メス
誕生日	2000年9月6日
出身地	日本（アドベンチャーワールド）

家族構成

点線（……）はふたご

永明 ＝ 良浜

梅浜・永浜、海浜・陽浜、優浜、桜浜・桃浜、結浜、彩浜、楓浜

皆さんはどう思う？
見分け方は
編集部調べ
観察して楽しもう

提供：panpanda565

見分け方ポイント　白い部分が（だいぶ）茶色いときがある

良浜を いろいろな角度からウォッチング!

提供:[左] 川辺、[右上] Pandaism、[右下] NoG

アドベンチャーワールドの
飼育員さんからの

/ 推しコメント \

良浜は、日本では12年ぶり、アドベンチャーワールドではじめて生まれた赤ちゃんパンダでした。幼いころは、おもちゃをすぐ壊してしまうおてんばな性格で、木のうろをつかった寝床でのお昼寝や遊具で遊ぶことがお気に入りでした。繁殖可能な年齢になると、永明とパートナーになり、2008年にふたごの赤ちゃんを出産。そしてそれはなんと、日本で生まれたパンダとしてはじめての出産でした。以降計7回の出産を経験し、今では10頭の赤ちゃんを生み育てたベテランのお母さんパンダです。最初は赤ちゃんの扱いもおぼつきませんでしたが、出産を重ねるうちに慣れてきて、立派に子どもたちを育ててくれました。

良浜の推しポイント

子育て上手なおてんば母さん

良浜あるある 1

子どもと遊ぶときは全力

子どもたちと
同じくらいの無邪気さで、
じゃれあっていた良浜。
子どもたちが力加減を
覚える上で
大切なことです

提供：[P76] az

良浜あるある 2

クスッとしちゃう独特な寝相

提供：[上] panpanda565、[左上] run、[左下・右] ハヤ

パンダ図鑑 06

結浜（ゆいひん）

DATA ※すべて2024年2月時点

性別	メス
誕生日	2016年9月18日
出身地	日本 （アドベンチャーワールド）

家族構成

点線（・・・・）はふたご

永明 ＝ 良浜

梅浜 永浜 海浜 陽浜 優浜 桃浜 桜浜 **結浜** 彩浜 楓浜

提供：panpanda565

見分け方ポイント　チャームポイントは頭のとんがり！

結浜を いろいろな角度からウォッチング！

提供：[左上] hanak、[中央] panpanda565、[右上] NoG

アドベンチャーワールドの飼育員さんからの

／ 推しコメント ＼

アドベンチャーワールドで生まれ育ったパンダたちの中で、1番大きな体で誕生した結浜。はじめて見る大きな遊具にも物怖じせずにチャレンジする性格です。また、お父さんの永明に次ぐ美食家とも言われていて、産地や種類がいつもとちがうものは食べなかったり、おいしそうに食べていたものも次に与えると見向きもしなかったり、赤いリンゴはいいけれど青いリンゴは食べなかったりと、本人にしかわからない「こだわり」がたくさんあるようです。そんなグルメとして名高い結浜ですが、なんと、最近は今までとは打って変わって、なんでも食べるようになりました。パンダも成長の中で味覚や食欲に波があるのかもしれませんが、それにしても本当に不思議ちゃんです。

結浜の推しポイント

「こだわり」たっぷりな不思議ちゃん

結浜あるある 1

すみっこがお気に入り

提供：[P80] NoG

結浜あるある 2

お昼寝は地面の上派

提供：[上] hanak、[下] 木登好雄

パンダ図鑑 07

彩浜（さいひん）

DATA ※すべて2024年2月時点

性別	メス	家族構成	点線（……）はふたご 永明 ＝ 良浜 梅浜、永浜、海浜、陽浜、優浜、桜浜、桃浜、結浜、**彩浜**、楓浜
誕生日	2018年8月14日		
出身地	日本 （アドベンチャーワールド）		

アドベンチャーワールドで誕生したパンダの中で、1番小さく生まれてきたよ

皆さんはどう思う？
見分け方は編集部調べ
観察して楽しもう

提供：NoG

見分け方ポイント　眉間へチョンと、とんがったアイパッチ

彩浜を いろいろな角度からウォッチング！

提供：［左上］沼ピキ子、［中央］にーやん、［右上］川辺

アドベンチャーワールドの 飼育員さんからの

／ 推しコメント ＼

出生時はたった75g、一般的なパンダの赤ちゃんの約半分ほどの重さで誕生した彩浜。最初は小さすぎて、自力でお乳を飲むことができなかったので、搾乳した初乳を1滴ずつ慎重に与えました。しかし生まれてから9時間経ったころ、彩浜から呼吸や心音がほとんど確認できなくなりました。急いで心臓マッサージなどの処置をおこない、祈るように見守っていると、大きな息を吐くのが確認され、それからは心臓なども安定するようになりました。そんな彩浜ですが、大きな病気やけがもせずに成長し、今ではどっしり構える堂々としたパンダに。好奇心旺盛で人懐っこく、でんと座ってゲストを眺めている定番スタイルが人気です。生命力の強さや命の大切さを教えてくれた彩浜。これからも健やかに成長していってね。

彩浜の推しポイント

あどけなさと、ちょっぴり偉そうな態度のギャップ

彩浜あるある 1

貫禄たっぷりの寝相

提供：［P84］NoG

彩浜あるある 2

氷や雪が大好き

誕生日などで氷や雪を
プレゼントしてもらうと、
抱きしめたり
顔にすりつけたりと
大はしゃぎ

提供：[P85] アドベンチャーワールド

楓浜（ふうひん）

DATA ※すべて2024年2月時点

性別	メス	家族構成	点線（·····）はふたご 永明 ＝ 良浜 梅浜、永浜、海浜、陽浜、優浜、桜浜、桃浜、結浜、彩浜、**楓浜**
誕生日	2020年11月22日		
出身地	日本（アドベンチャーワールド）		

「浜家」の末っ子パンダ。すくすく元気に育っているよ

提供：NoG

見分け方ポイント | ヒヨコみたいなアイパッチ

楓浜をいろいろな角度からウォッチング！

提供：［左上］MaiMai_panda、［中央］yosipanmofmof、［右上］桜の桃と梅

アドベンチャーワールドの飼育員さんからの

＼ 推しコメント ／

楓浜は、新型コロナウイルスの影響で中国人研究員の来日が叶わず、日本人スタッフのみで出産を見守ったパンダです。出産前には、中国とのオンラインミーティングを増やし、自作のぬいぐるみをつかったシミュレーションを重ねました。緊張の中、ついに生まれた楓浜。大きな産声を聞いたときにはスタッフ一同安心しました。体重も大きさも平均的で元気に誕生した楓浜は、ベテランお母さん良浜の愛情をうけてすくすくと成長しました。食いしんぼうで、おやつを準備する音が聞こえるともらえると思い、竹を食べるのをやめて体全体で全力アピールします。これからもおいしい竹をいっぱい食べて元気いっぱいの楓浜でいてね。

元気いっぱいの末っ子!

楓浜あるある 1

クセが強い全力アピール

提供:[上右 上中央]川辺、[上右]パンダdeぱんだ、[下]NoG

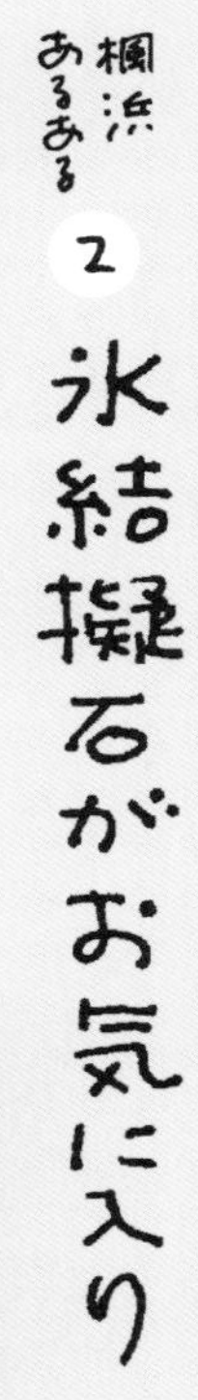

提供：［上中］あきひん、［下］NoG

20年以上、パンダのタンタンたちへたっぷりの愛情を注いできた

神戸市立 王子動物園

INFORMATION

住　所	兵庫県神戸市灘区王子町3-1
電　話	078-861-5624
開園時間	（3月～10月）9:00～17:00 （11月～2月）9:00～16:30
休園日	毎週水曜日（祝日は開園）、年末年始（12月29日～翌年1月1日）
入園料［1日入園券・個人］	大人（高校生以上）600円、子ども（中学生・小学生・幼児）無料　※そのほかの場合は神戸市立王子動物園公式サイトをご覧ください

神戸市と中国の天津市が、1973年に日本と中国の間ではじめて友好都市提携を結んだ縁で、王子動物園では、これまでに3頭のパンダを飼育してきました。2024年2月現在、王子動物園にいるパンダはタンタン1頭ですが、心臓疾患の治療のため観覧を見合わせています。パンダのほかにも、コアラやオランウータンなどの動物もくらしています。

竹は神戸市内からのお取り寄せ！

動物園から車で40分ほどの神戸市北区淡河町から、毎週3回、主食の竹を直接お取り寄せしています。温度や湿度管理ができるパンダ専用の冷蔵庫では、約180kgの竹を新鮮な状態で保つことができます。

専用のトレーニングルーム

専用のケージを設置して、動物への負担が少ない健康チェック法である「ハズバンダリートレーニング」に取り組んでいます。これを続けていたことで、タンタンの心臓疾患の早期発見につながりました。そのあとも、このトレーニングを活かすことで、検査をスムーズにおこなうことができています。

観覧見合せ中だけど「パンダ館」にいるよ〜!

王子動物園の「パンダ館」は、日中共同飼育繁殖研究のため20年以上パンダ飼育し続けてきた施設。繁殖やタンタンの心臓疾患治療のための設備がばっちり整っています。

タンタン (⇒P.092)

屋上に咲くひまわりにこめられた想い

2023年の夏、「パンダ館」の屋上にひまわりが咲きました。観覧見合わせ中のタンタンですが、それでもタンタンの存在を感じたいと、たくさんのひとがあしを運びます。そんな熱い想いを受け、少しでも明るい気持ちになってほしいという気持ちから、飼育員さんが種をまいたそうです。肥料にはタンタンのうんこが用いられ、その年のタンタンの誕生日には、ファンのみなさんにひまわりの種がプレゼントされました。明るいひまわりの先にタンタンがいると思うと、不思議と元気がわいてきますね。

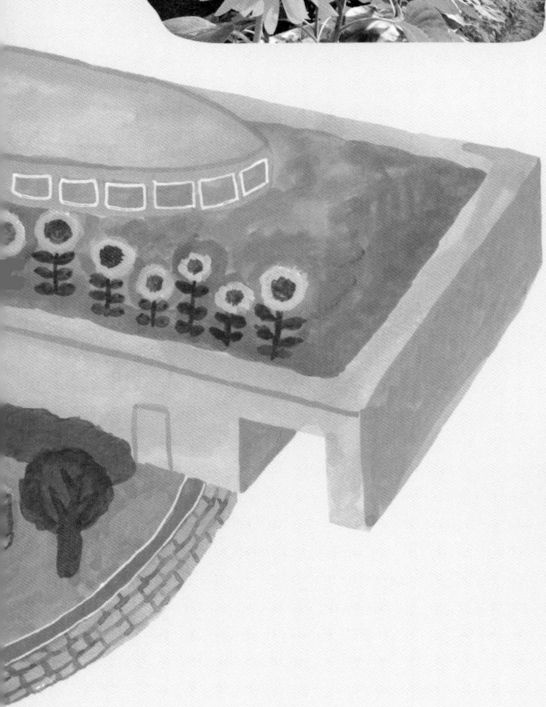

室内部屋にもあらゆる工夫が!

室内展示場の上の方にはキャットウォークがあり、繁殖行動を観察することができます。寝室の床にはホルモンを検査するための採尿孔、24時間行動が記録できる監視カメラも部屋に設置されています。

提供:[P90-95] 神戸市立王子動物園

タンタン（旦旦）

DATA ※すべて2024年2月時点

性　別	メス
誕生日	1995年9月16日
出身地	中国（臥龍保護センター）
来　日	2000年7月16日
家族構成	初代コウコウ ＝ タンタン ＝ 2代目コウコウ　名前なし

2007年に死産、
2008年に産後4日で
子どもを亡くした過去がある

見分け方ポイント　まるいボディに、ちょこんとした控えめなあしが最高にキュート！

タンタンを いろいろな角度からウォッチング！

王子動物園の
飼育員さんからの

＼ 推しコメント ／

2024年2月現在、28歳と国内最高齢のおばあちゃんパンダですが、少し短めなあし、ころんとしたお人形のようなかわいらしいフォルムで、みなさんからは親しみを込めて「神戸のお嬢様」と呼ばれ、とても愛されている存在です。性格は温厚ですが食べものに関して特に神経質な子で、食事の竹をとても選り好みして気に入ったものがなければ全く食べないなど、担当者泣かせなところがあります。そして当園では健康管理のため、「ハズバンダリトレーニング」をおこなっており、現在では数種類の指示を聞き分けることが可能で、毎日の健康状態の把握をおこなうことができています。これからも長生きしてもらえるように、日々の健康管理に一生懸命努めていきたいと思います。

タンタンの
推し
ポイント

ゆったりお上品な「神戸のお嬢様」

タンタン
あるある
1

タイヤが大好き

タイヤをずっと
愛用しているタンタン。
昔はよくタイヤで
はしゃいでいたようで、
年齢を重ねた今でも、
くわえて運んだり、
穴にはまって休んだり、
ずっとそばに
置いているよ

タンタンあるある 2

寝顔は恥ずかしい!?

前あしで顔をおおって
寝る姿から、
ファンからは
「恥ずかしがりや」と
呼ばれている

日本パンダヒストリー

パンダが日本にやってきたのは今から50年以上も前のこと。それから日本がつないできた命のバトンを、年代を追いながら家系図とともに見ていきましょう。

パンダの「返還」や「レンタル料」ってなあに？

2024年2月現在、東京都立の上野動物園、民間のアドベンチャーワールド、神戸市立の王子動物園の3園が、それぞれ別の契約で、中国と協力しながらパンダを飼育しています。はじめは中国からの「贈与」でパンダがやってきていたのですが、1984年のワシントン条約によって絶滅危惧種のパンダの保護がさらにきびしくなり、「贈与」ではなく保護研究のための「貸与」の形をとることになりました。「返還」があるのは、みんな中国籍のパンダたちだからです。上野動物園に関しては、1992年に日本にやってきたリンリンまでが日本に所有権があるパンダだったので、中国と共同でおこなう保護研究プロジェクトに保護資金を支払っているのは、2011年に来日したリーリーとシンシン以降のパンダたちについてです。当初の支援金は年間95万ドル（当時約7800万円）でしたが、現在の金額は公表されていません。

日本にパンダがやってきた！

1972年に、日本と中国の国交正常化のための「日中共同声明」が発表され、そのきずなの証として、中国からカンカンとランランが寄贈されました。日本は熱狂的なパンダブームで大盛りあがり。観覧初日は、約5万6000人が詰めかけ2 kmの行列ができ、何度も入場規制がおこなわれたので、その中でパンダを見ることができたのは1万8000人ほどでした。しかし、1979年にランランが急死。解剖すると、なんと赤ちゃんが宿っていました。翌年にはカンカンも肺炎により永眠。訃報を受け深く悲しんだ全国のファンの要望で、2頭は剥製となってよみがえり、2024年2月現在は多摩動物公園に展示されています。

at 上野動物園

♂カンカン（康康）

誕生（推定）	1970年11月
来園	1972年10月28日
永眠	1980年6月30日

やんちゃなパンダで、つるしたタイヤで遊ぶのが大好きでした。

♀ランラン（蘭蘭）

誕生（推定）	1968年11月
来園	1972年10月28日
永眠	1979年 9月4日

「丸顔美人」と言われた美しいパンダでした。

提供：[P96-98]（公財）東京動物園協会

トントンの愛くるしさで、第二次パンダブーム到来！

ランランの永眠後、カンカンの新しいお相手にとホァンホァンが贈られましたが、その5か月後にカンカンも永眠。残されたホァンホァンのお相手に贈られてきたのがフェイフェイでしたが、相性が悪く交尾をしなかったため、上野動物園は日本初の人工授精に踏み切りました。そうして日本ではじめて生まれた命がチュチュでしたが、生まれてから43時間ほどで圧死してしまいました。その後、ホァンホァンとフェイフェイの第２子として生まれたトントンは、熱狂的な第二次パンダブームの火付け役。日本で生まれ、はじめて無事に成長していくトントンに、日本中がメロメロでした。観覧開始から約半年後までの入場者数は、前年同期とくらべて107万人も増えました。そして、第３子のユウユウの誕生により、上野動物園には親子４頭のパンダがくらすことになりました。

at 上野動物園

♀ホァンホァン（歓歓）

誕生(推定)	1972年
来園	1980年１月29日
永眠	1997年９月21日

回を重ねて子育ての腕をあげた、たくましいお母さんパンダ。

♂フェイフェイ（飛飛）

誕生(推定)	1967年
来園	1982年11月９日
永眠	1994年12月14日

来園した夜にえさを食べ続けた、大人（たいじん）の風格をもつパンダ。

上野動物園生まれの子どもたち ❶

♂チュチュ（初初）

日本での出産第１号で「初初」と命名、43時間の短い命でした。

誕生	1985年６月27日
永眠	1985年６月29日

♀トントン（童童）

おてんば娘で、ときには飼育係に抱えられて木から降りることもありました。

誕生	1986年６月１日
永眠	2000年７月８日

♂ユウユウ（悠悠）

日中親善を担って、リンリンとの交換で1992年に北京動物園へ行きました。

誕生	1988年６月23日
永眠	2004年３月４日

日中関係が悪化したけれど。3年ぶり、上野にパンダがやってきた！

中国との国交正常化20周年を祝い、日本から中国にユウユウを贈り、その交換で日本にきたのがリンリンです。リンリンは日本に所有権がある最後のパンダだったため、繁殖を期待され、3回もメキシコまでお見合いに行きました。なかなか子宝に恵まれず、今度は逆にメキシコから、相性がよかったシュアンシュアンがきましたが、繁殖にはつながらずに帰国しました。そんなリンリンの死の翌日。福田康夫首相（当時）が、中国政府に東京へパンダを貸してほしいと要請中であると明かしました。しかしその後、尖閣諸島をめぐる問題などで日中関係が悪化。中国に対して好意的でない当時の日本では「パンダはいらない」という声があがり、石原慎太郎東京都知事（当時）もパンダの誘致に否定的でした。そこで、上野観光連盟はパンダを迎える活動を展開し、都知事に直訴。2010年、東京都はパンダの共同研究と協定書に調印し、2011年にリーリーとシンシンがやってきたのです。

at 上野動物園

♀ シュアンシュアン

誕生	1987年6月15日
来園	2003年12月3日
返還	2005年9月26日

メキシコからきた、陽気で豪快なセニョリータ。

♂ リンリン（陵陵）

誕生	1985年9月5日
来園	1992年11月5日
永眠	2008年4月30日

メキシコと日本を3往復した経験があり、世界一飛行機に乗ったパンダかも。

2008年5月〜2011年1月 上野動物園 パンダ不在

♂ リーリー（カカ）
（⇒P.056）

♀ シンシン（真真）
（⇒P.060）

上野動物園生まれの子どもたち ❷

♂ 名前なし

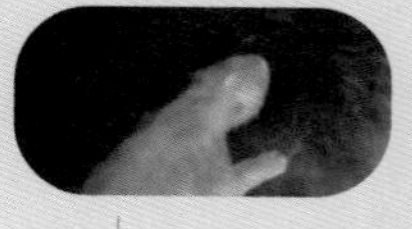

誕生	2012年7月5日
永眠	2012年7月11日

お母さんのシンシンは初産でした。

♀ シャンシャン（香香）

誕生	2017年6月12日
返還	2023年2月21日

みんなに愛されて育った人気者。パンダの未来を明るく照らすため中国へ。

♂ シャオシャオ（暁暁）
（⇒P.064）

♀ レイレイ（蕾蕾）
（⇒P.068）

阪神淡路大震災の復興の祈りが届き、神戸にもパンダがやってきた！

1973年、神戸市と天津市が、日本と中国の都市の間ではじめて友好都市提携を結びました。それ以来、博覧会「ポートピア'81（神戸ポートアイランド博覧会）」に天津市からきたパンダの飼育を王子動物園が担当するなど、２つの都市はお互いのつながりを大切にしてきました。1995年、阪神淡路大震災が発生し、たくさんのひとが被災しました。その後、日本の「神戸市民、特に子どもたちのためにパンダの共同研究を実現したい」という想いに中国が応えてくれて、王子動物園に2頭のパンダがやってきたのです。

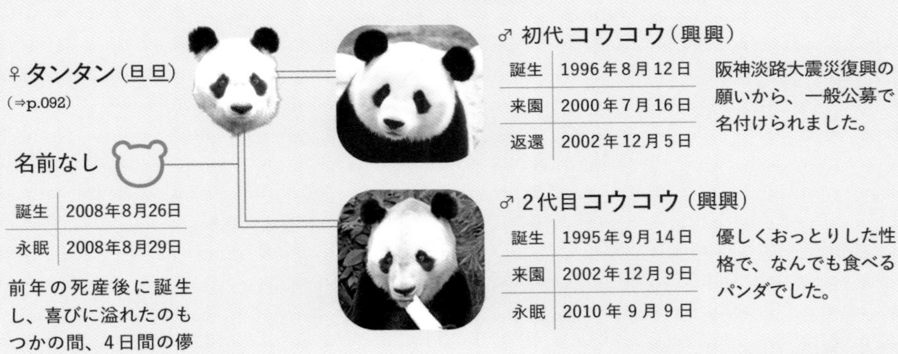

提供：[P99] 神戸市立王子動物園

日本のあちこちでパンダを見れた!?

パンダの「贈与」が原則なくなると、世界中で短期間の貸し借りがおこなわれました。日本も例外ではありません。福岡県や岡山県、北海道などでパンダが短期展示され、人々の絶滅危惧種への理解を深めました。しかし、短期間の「貸与」では研究が充分にできないのではと世界の野生保護団体などから反対を受け、取引規制が国際的にきびしくなりました。それでも貸し借りはおこないたいという思いの中で注目されたのが、「ブリーディング・ローン」という契約です。動物園間で繁殖を目的に貸し借りをすることで、野生動物の捕獲を最小限にとどめ、近親交配の影響を避けることができます。短期展示で得られた輸送技術などを応用し、長期間の「貸与」とする考えが加えられたこの方法は、パンダの繁殖研究に有効だと合意を得ることができました。以前のように日本のあちこちで短期展示が見られず、少数の動物園で長く飼育されているのは、こんな背景があったからなのですね。

1990〜現在
和歌山

和歌山のビッグファミリー「浜家（はまけ）」が未来につなぐ命

1980年の時点では、飼育下で繁殖したパンダは全世界で7頭のみでした。飼育下のパンダを保護するため、1987年に成都ジャイアントパンダ繁育研究基地が設立。国際的な支援が求められると、アドベンチャーワールドは寄付に協力しました。そんな縁もあり、アドベンチャーワールドは、1989年1月まで3か月間「海と陸のパンダ展」を開催して中国からきた2頭のパンダを展示し、絶滅に瀕する動物への理解を求める活動をはじめました。そして1994年。ついに中国から2頭のパンダがやってきて、日本と中国の共同繁殖研究が本格的にスタート。2024年2月現在、アドベンチャーワールドは、中国以外では世界最多の繁殖実績を残しています。

at アドベンチャーワールド

♂永明（えいめい）

誕生	1992年9月14日
来園	1994年9月6日
返還	2023年2月

これまでに16頭の子が誕生した、繁殖能力に優れた立派なお父さんパンダです。

♀蓉浜（ようひん）

誕生	1992年9月4日
来園	1994年9月6日
永眠	1997年7月17日

木の上が好きで、よく木に登って遊んだり寝たりしていました。

アドベンチャーワールドの子どもたち ❷

♂雄浜（ゆうひん）

誕生	2001年12月17日
返還	2004年6月

飼育下では世界ではじめて12月に誕生した、珍しい冬生まれのパンダ。

♂隆浜（りゅうひん）　♂秋浜（しゅうひん）

誕生	2003年9月8日
返還	2007年10月

日本ではじめて誕生したふたご。隆浜はおとなしく、秋浜はやんちゃなパンダでした。

♂幸浜（こうひん）

誕生	2005年8月23日
返還	2010年3月

愛嬌たっぷりのやんちゃな性格で、木登りやブランコが好きでした。

♀愛浜（あいひん）　♂明浜（めいひん）

誕生	2006年12月23日
返還	2012年12月

愛浜は食いしんぼう、明浜は穏やかで甘えんぼうなパンダでした。

提供：[P100-101] アドベンチャーワールド

♀梅梅（めいめい）

誕生	1994年8月31日
来園	2000年7月7日
永眠	2008年10月15日

アドベンチャーワールドに来園して約2か月後に良浜を出産し、その後も6頭の子どもを育てました。

♂哈蘭（ハーラン）

誕生（推定）	1984年
永眠	2006年12月5日

19頭の子どもがいる、中国の英雄的なお父さんパンダ。

アドベンチャーワールドの子どもたち ❶

♀良浜（らうひん）
（⇒P.074）

アドベンチャーワールドの子どもたち ❸

♀梅浜（めいひん）

誕生	2008年9月13日
返還	2013年2月

♂永浜（えいひん）

梅浜はマイペースで、永浜はやんちゃで甘えんぼうな性格でした。

♂海浜（かいひん）

誕生	2010年 8月11日
返還	2017年6月

♀陽浜（ようひん）

海浜はのんびりや。陽浜は気が強い一方、臆病な面もあり慎重派でした。

♀優浜（ゆうひん）

誕生	2012年8月10日
返還	2017年6月

素直でまっすぐな性格。要領がよく、トレーニングもあっという間に覚えました。

♀桜浜（おうひん）

誕生	2014年12月2日
返還	2023年2月

♀桃浜（とうひん）

桜浜はおっとり、桃浜は好奇心旺盛で活発な性格でした。

♀結浜（ゆいひん）
（⇒P.078）

♀彩浜（さいひん）
（⇒P.082）

♀楓浜（ふうひん）
（⇒P.086）

3章
パンダの飼育奮闘記

飼育も繁殖も難しい
パンダの飼育を実践する
動物園のプロフェッショナル

1日に何度もえさやりをする、えさを選り好みする、
1年間でごくわずかな期間しか交尾をしない――
さまざまな点でほかの動物たちとは大きくちがう、
ジャイアントパンダの飼育。

実際にパンダの飼育に携わる動物園に、パンダの
飼育と繁殖の舞台裏を教えてもらいました。

アドベンチャーワールドに取材しました！

飼育員さんに聞いてみた！

アドベンチャーワールド
パンダ飼育員

中谷有伽（なかや ゆか）さん

小さなころから動物が好きで、2015年4月に、アドベンチャーワールドを経営する株式会社アワーズに入社。2017年からパンダチームに異動。現在パンダ飼育歴7年。

「パンダ目線」の飼育を

── パンダの担当になってから、何か変わったことはありますか？

わたしは、飼育スタッフとしての経験が1年程度でパンダの飼育を担当するようになりました。まだ自分は半人前だと思っていたので、最初はパンダの飼育に携わることに大きなプレッシャーを感じていました。過去の日誌や書籍、先輩たちへの質問や、なによりも毎日パンダたちと接していくことで多くのことを学び、今ではパンダの飼育、そして日中共同繁殖研究に関われていることに誇りをもっています。

── パンダの飼育でたいへんなことは何ですか？

竹の確保には苦労します。パンダはたいへんグルメな動物で、においをかいでおいしいと思った竹だけを食べます。そのため、食べる量の2～3倍の竹を準備します。好みにあうように7～10種類ほどの竹を季節ごとにつかい分けているのです。個体ごとの好みはもちろん、季節によって、日によっても変わるので、パンダがどの種類の竹を好んでいるのかを見きわめるのは、熟練のスタッフでもたいへんです。

── 飼育するときに意識していることは？

わたしたちが世話をしている動物はペットではないので、ただかわいがればいいというわけではないんですよね。もちろん、「かわいい」と思うことはありますが、むしろ「同じ職場のなかま」だと思っています。飼育するときには、相手の立場に立って考えることを意識します。野生にいるときとくらべて行動が制限されている中で、どういうときにどうしてほしいのか？ といったことを「パンダ目線」で考えることが重要だと思います。

── 「パンダのため」を考えるということですね。

はい。パンダは本来、中国にしかいない動物で、わたしたちは「野生から預かって」飼育させてもらっていると思っています。わたしがパンダへの恩返しとしてできることは、つねにパンダが元気な状態でいられるようにすること、そして、野生のパンダがどういう状況にあるのかをみなさんに伝えていくこと。パンダを見て「かわいい」だけで終わらず、それ以外に何か感じてもらえるように、ゆくゆくは、野生のパンダの環境を良くすることにつながればいいなと思います。

夢をあきらめないこと
言葉に出して言い続けること

――前例も少なく難しいパンダの飼育や繁殖は、プレッシャーも大きいと思います。どのように乗りこえていますか？

自分たちだけで抱え込まず、頼れるひとを頼ることがいちばん大事だと思います。わたしたちよりもたくさんの経験をもつ中国の研究スタッフのサポートもありますし、なによりも今、わたしたちが実践している飼育方法などは先人の方々がたくさん努力されて築いた飼育方法なので、先輩たちに相談しながらひとつひとつ判断していきます。

――仕事のやりがいはどういうところですか？

やはり、新たな命の誕生に立ち会えたこと、そして、その成長を近くで見守ることができることが、飼育スタッフならではのやりがいだと思います。また、ジャイアントパンダという希少動物の繁殖に関わり、日中共同繁殖研究の一端を担えていることも、わたし自身のやりがいと誇りにつながっています。

――飼育員さんになりたい方へのアドバイスをお願いします。

好きな動物や動物が生息する環境について興味を持ち続け、たくさん調べてみてください。学生時代に得た知識は飼育スタッフになってもきっと役に立ちます。夢を忘れず、あきらめず、そして言葉に出して言い続けてください。言葉にすることでまわりのひとに応援してもらえるようになります。夢に向かってがんばってください。

みなさんが
元気なパンダたちを見て
「かわいい」だけじゃないなにかを
持ち帰ってもらえたらいいな、と
思います。

提供：[P104-105] アドベンチャーワールド

上野動物園に取材しました！

密着！パンダ飼育係さんの1日！

動物園のパンダにとって1番身近な存在である飼育係さんの、１日の様子をうかがいました！
（上野動物園では「飼育員」ではなく「飼育係」とよびます。）

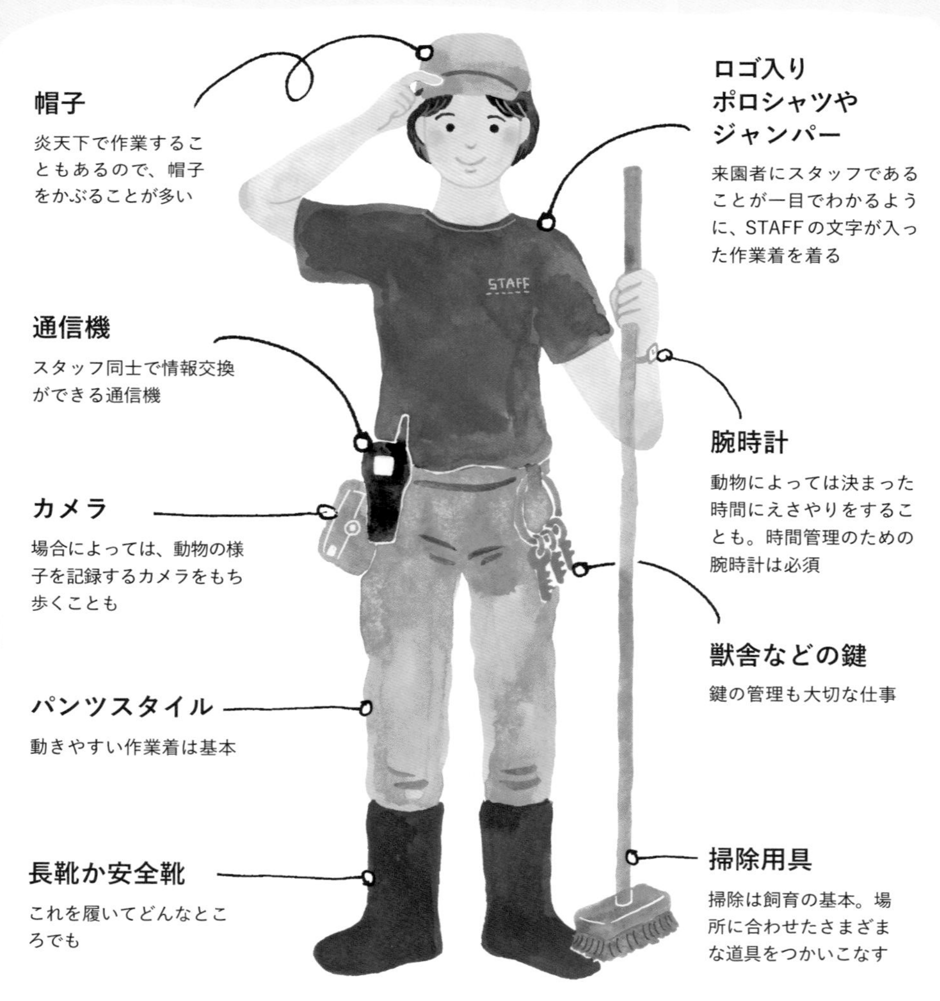

帽子
炎天下で作業することもあるので、帽子をかぶることが多い

通信機
スタッフ同士で情報交換ができる通信機

カメラ
場合によっては、動物の様子を記録するカメラをもち歩くことも

パンツスタイル
動きやすい作業着は基本

長靴か安全靴
これを履いてどんなところでも

ロゴ入りポロシャツやジャンパー
来園者にスタッフであることが一目でわかるように、STAFFの文字が入った作業着を着る

腕時計
動物によっては決まった時間にえさやりをすることも。時間管理のための腕時計は必須

獣舎などの鍵
鍵の管理も大切な仕事

掃除用具
掃除は飼育の基本。場所に合わせたさまざまな道具をつかいこなす

※このイラストは一例です。担当する動物や季節によって服装やもちものは変わります。

飼育係さんのとある1日

8:30

始業！

ミーティングで情報共有、当日の作業を確認。パンダを観察して状態をチェック。

8:50

給餌（えさやり）準備・展示場準備

えさの竹を選び、かたい稈の部分を割る。

POINT

パンダ担当者ならではの苦労と言えば、竹選び。パンダが何を基準に竹を選んでいるかはまだよくわかっていません。季節によって食べる竹の種類が変わったり、パンダによっても好みがあったり。日々、それぞれのパンダがどのような竹を食べているのかを観察して、そのとき食べそうな竹を選んでいます。また、購入した竹を食べてくれないときは、動物園内で育てている竹を採取して与えることも。

9:20

パンダを展示場へ

展示場の安全確認や、施錠の確認などをしっかりおこなう。

※気温や天候によって、室内・屋外とパンダを誘導する放飼場を調整しています。

9:30

寝室・室内展示場の清掃

パンダが夜にすごした部屋を掃除する。

POINT

掃除をしながら、パンダが食べ残した竹の量や、うんこの様子を見て、それぞれのパンダの健康状態などをチェックします。

随時

給餌（えさやり）

POINT

給餌の時間や回数は決まっておらず、新鮮な竹を十分食べられるよう、個体の採食状況を見ておこなっています。1日に何度も給餌することもあります。給餌する際には、お客さんが観察しやすいような竹の配置を心がけたり、擬木上にリンゴなどを置き、木登りなどの行動を引き出したりしています。

11:00

行動観察

前日の夜間〜現在までの録画映像をチェックする。

POINT

パンダの様子は24時間ビデオ録画されています。これをチェックして、1日の行動を休息・活動・採食の3項目に分けて日誌に記録します。もちろん映像だけでなく、直接動物を観察して些細な変化も見逃さないように心がけています。

13:00

環境エンリッチメントのためのアイテムを製作

POINT

環境エンリッチメントとは「動物の周囲の環境などを、動物の生息環境や行動に基づいて改善・向上させるための工夫」のこと。動物園でのくらしは野生とくらべると単調になりがちなので、日常に刺激を与える工夫をします。たとえば、竹や消防ホースで職員が製作した給餌器は遊具の中にえさを仕込んだもので、工夫しながらえさを食べられるようにしています。

随時

「ハズバンダリートレーニング」

それぞれの体調に応じて随時、訓練をおこなっている。

POINT

動物に負担をかけずに採血や体重測定、口の中の検査などをするための「健康管理のための訓練」です。

提供：（公財）東京動物園協会

パンダを室内展示場へ

つかっていた屋外展示場を清掃し、食べ残しやうんこをチェック。

提供：（公財）東京動物園協会

展示終了

（リーリー・シンシンは16:30展示終了）

夜間は、寝室と室内展示場を行き来できるようにし、どちらの部屋でも竹を食べられるようにしている。

※混雑具合やパンダの体調によって展示終了時間は変更になることがあります。

事務作業

行動観察の続き、日誌の作成をおこなう。

POINT

日誌は他のスタッフと情報を共有したり、後で見返したりすることができるように、行動観察の結果や食べ残し、うんこの様子など詳細に記録します。こうした日々の積み重ねが、健康管理や繁殖・交配のタイミングの見きわめなどに役立っています。

上野動物園に取材しました！

パンダのお見合い大作戦

パンダの繁殖は難しい

パンダの繁殖は、絶滅のおそれがあるジャイアントパンダを保護していくための大切な取り組みです。パンダを飼育する動物園にとっては、繁殖を成功させることは使命とも言えます。

パンダは、繁殖がとても難しい生きものです。おとなのパンダはふだん単独で生活していて、繁殖期以外の時期に同居させるとけんかになってしまい、けがをする可能性もあります。繁殖させるためにはオスとメスの発情の兆候をうまく見きわめなくてはなりません。

パンダの繁殖が難しい理由

❶ 交配できる期間が短い
繁殖期は年に1度（2～6月ごろ）で、メスの妊娠の可能性が高まる時期はそのうち2～3日ほどしかない。

❷ 自然交配が難しい
パンダ同士の相性があり、繁殖の時期に同居をしても交尾に至らないことがある。

❸ 子どもが未熟で死亡リスクが高い
生まれたばかりの子どもはわずか100～200gしかなく、非常に未熟。1度の出産で1～2頭の子どもを生むが、多くの場合は1頭しか育てない。

リーリーとシンシンの繁殖行動

2020年
11月中旬～

リーリーに発情期特有の行動が現れる

いろいろなところにおしりをこすりつける「マーキング」や、シンシンの排泄物のにおいをかぐなどの行動をするようになる。

2021年
2月下旬～

シンシンに発情の兆候が現れる

陰部の形状が変化し、水の中に入って体を冷やすなどの行動が見られるように。

リーリー、シンシンの「お見合い」を開始

柵越しのお見合いを重ね、徐々に発情が高まっているのを確認。

オスとメス、双方に発情の兆候が見られるようになると、柵越しのお見合いやお互いのにおいをかがせる「におい交換」などをおこなって、２頭の気分を盛りあげていきます。最終的には「恋鳴き（フェェエン、メェ～など、独特の鳴き方で鳴き交わす）」や、メスがオスにおしりを向けてみせるなど、発情のピークをしめす行動も見られました。

提供：（公財）東京動物園協会

2021年
3月6日

ついに２頭が交尾をする

同居を実施し、2回の交尾行動が確認された。

「お見合い」により発情が高まったことから、午後に2回、深夜に1回の計3回同居を実施しました。1回目はけんかになってしまったため引き離し、2回目の同居では開始数分で交尾が成立！ さらに深夜の同居でも交尾がおこなわれ、合計2回の交尾行動が確認されました。

シンシンに妊娠の兆候が見られる

食事量の減少や休息時間が増えるなど、妊娠の兆候が見られるように。ただし、パンダには実際には妊娠していないのに兆候が見られる「偽妊娠」がおこることがあるので、慎重に見きわめることに。

2021年
6月23日

２頭の赤ちゃんを出産！

シンシンが、深夜1:03と2:32に、ふたごの赤ちゃんを出産した。

提供：（公財）東京動物園協会

上野動物園に取材しました！

すくすく育って！

赤ちゃんパンダ

～シャオシャオとレイレイ成長記録～

2021年6月23日に生まれたふたごの赤ちゃんパンダ。名前が決まるまで、それぞれ子ども（#1）、子ども（#2）とよばれることになり、識別のため、子ども（#1）には体に緑色のラインがつけられました。

2021年
6月23日
誕生！

生後3日目の
シャオシャオ
（子ども（#1））

生後1日目の
レイレイ
（子ども（#2））

生後
8日

体はまだピンク色。耳や肩のあたりがうっすらと黒くなり、「パンダらしい模様」の兆候が。母乳と人工乳ですくすくと育っています。

生後
13日

さらに色がはっきりしてきた赤ちゃん。まだ目は見えていません。

提供：[P112-115]（公財）東京動物園協会

生後16日

誕生から16日目に赤ちゃんの性別が判明。子ども(#1)(後のシャオシャオ)がオスで、子ども(#2)(後のレイレイ)がメスだとわかりました。
お母さんのシンシンは赤ちゃんの体が冷えないように抱きかかえ、体をなめたり、授乳をしたりと、子育てに奮闘しています。

シンシンに抱かれるシャオシャオ(子ども(#1))

保育器の中のレイレイ(子ども(#2))

コラム
ふたごパンダのための「入れ替え保育」

ふたごのパンダが生まれた場合、野生では母親がどちらかだけを育て、片方は死んでしまうことが多いようです。シンシンがふたごの赤ちゃんを生んだとき、上野動物園では2頭を無事に育てるため「入れ替え保育」を実施することにしました。1頭は母親が育て、1頭は保育器に入れて、飼育係が人工哺育をおこないます。そして数日ごとに子どもを入れ替えて、どちらの子どもにも母親が関われるようにしました。

生後
33日

体の色はすっかりパンダらしく。どちらも体重が1kgを超えました。

生後
107日

シャオシャオとレイレイ、名前が決定!

2021年10月8日に、公募によってふたごパンダの名前が決まりました。これにより、オスの子ども（#1）はシャオシャオ（暁暁。名前の意味：夜明けの光が差し、明るくなる）に、メスの子ども（#2）はレイレイ（蕾蕾。名前の意味：蕾（つぼみ）から美しい花が咲き、未来へつながっていく）に。

写真は生後117日目で、
かわいらしくじゃれ合う
2頭の様子

生後
131日

10月23日から、2頭の子どもを一緒にシンシンに預けて育ててもらう試みを開始。2頭ともお母さんから母乳をもらい、仲むつまじくすごしていました。

生後
187日

シャオシャオもレイレイもすっかり成長し、木登りもできるようになりました。

2022年
1月12日～
（生後203日）

3日間限定でお客さんに初公開！

2023年
6月

2歳になったシャオシャオとレイレイ

今ではすっかり大きくなりました！

王子動物園に取材しました！

飼育員さんに聞いてみた！

神戸市立 王子動物園
飼育員
うめもとりょうじ
梅元良次さん

動物のことを伝えるのも動物園の大切なお仕事。心臓疾患などの治療のため観覧見合わせ中のタンタンの様子は、2020年からはじまった、王子動物園公式SNSの「#きょうのタンタン」投稿で垣間見ることができます。主に発信しているのは長年タンタンの飼育担当をしている梅元さん。発信に込めた想いを聞いてみました。

原点は「遠方のお客さんにも楽しんでほしい」という気持ち

―― タンタンの様子をSNSで発信するようになったきっかけを教えてください。

コロナ禍の臨時閉園がきっかけだと思われる方もいらっしゃるのですが、発信をはじめたのはコロナ禍よりも前でした。まだみなさんがタンタンを観覧できていたころ、北海道や九州などの遠方から、タンタンを見るためにいらっしゃる方が多くて。「自分が飼育を担当している動物に対して、こんなに愛情をもってくれているひとがたくさんいるんだ」と感動していたのです。でも遠方から頻繁に会いにくるのは難しいですよね。そんな方々に、日々のタンタンの様子をなんとかして伝えられないかなと思い、動物園の公式SNSにタンタンのコーナーをつくらせてほしいと提案してみたんです。

―― 投稿では、どのようなことを意識して発信していますか？

核にあるのは「こんなに素敵なタンタンの魅力を、たくさんのひとに知ってほしい」という気持ちです。発信をはじめたころは、「えっ、パンダって神戸にもいるの？」と言われるほどの知名度でした。でも、発信してみたら、フォロワー数もどんどん増え、もともと1万4000人くらいだったのが今では11万6000人ほどに（2024年2月現在）。4年くらいで10万人以上も増え、メディアからの取材も増えました。投稿をはじめたことで、こんなにたくさんのひとにタンタンの魅力を知ってもらえて、とても嬉しいです。

タンタンのがんばりや、かわいさを伝えていきたい

―― 梅元さんから見て、タンタンはどんなパンダですか？

僕が飼育担当になったころは、もう1頭、オス

のパンダのコウコウも飼育していたのですが、そちらは食いしんぼうでのんびりやでした。それにくらべてタンタンは食べものの選り好みも激しくて、すごく神経質なんですよね。

――タンタンは国内最高齢のパンダであり、「老い」と向き合う面もあると思いますが、いかがですか？

投稿では「見た人にネガティブな気持ちにはなってほしくない」ということにこだわっています。確かに最近のタンタンには心臓疾患のこともありますし、だんだんと老いを感じることも多くなっていますが、だからこそ、タンタンががんばっている姿をみなさんに伝えたいと思っています。

――投稿でタンタンの姿を見ると、癒やされたり元気をもらえますよね。

僕は投稿に対するコメントをほとんど全部見ていているのですが、「癒やされた」「がんばろうと思えた」などとコメントしてくれたり、きてくださったお客さんが「投稿を楽しみにしている」と言ってくれたりすると、僕自身もあたたかい気持ちでいっぱいになります。

まずは「かわいい」でいい。
そこから「命」について
考えてほしい

――読者のみなさんに伝えたいことはありますか？

動物園って、楽しんでもらうところだと思うんです。みなさんがタンタンを観覧できていたときは、えさをあげるときに、一度タンタンを室内に入れて、放飼場に竹をセットしてからタンタンを放していました。そうするとタンタンが放飼場に出た瞬間に、お客さんがみんなわーって笑顔になるんです。僕はそれをバックヤードから見るのがすごく好きで。だから、動物園に来たら楽しんでほしい、笑顔でいてほしいというのが1番ですね。その上で、できたら「かわいい」だけではなくて、生きものに対して学んでほしい。

――具体的にどのようなことについて学んでほしいですか？

「命」について考えてほしい、という思いがあります。ペットとして動物を飼うと、「かわいい」だけじゃないですよね。病気や死と向き合うこともありますし、そのためには動物の生態も学ばなくちゃいけない。もちろん、最初は「かわいい」でいいと思います。でも、帰りにお子さんが「パンダって竹を食べるんだ」と知ってくれたら、それだけで十分学びです。動物園で展示しているのは「機械」じゃない。「生きもの」なんです。そこを考えてもらえたらうれしいです。

ojizoo 神戸市立王子動物園（公式） @kobeojizoo · Feb 16
今日はお久しぶりにブラッシングのご様子をどぞです😊

#きょうのタンタン
#王子動物園　#ジャイアントパンダ

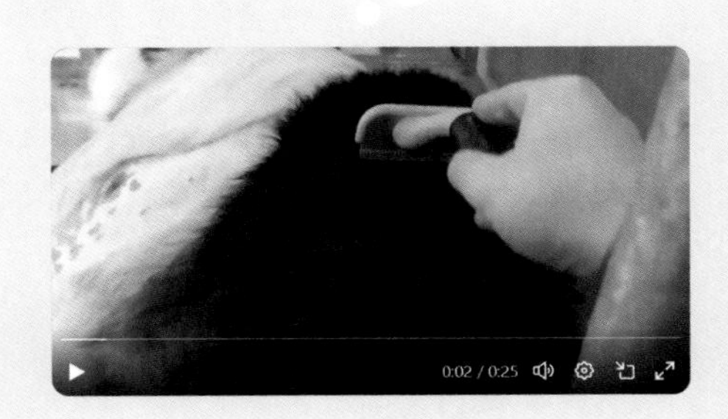

提供：[P116-117] 神戸市立王子動物園

4章
パン活のすゝめ

先輩たちにならって、
あなたもいざ「パンダ沼」へ！

上野動物園にほぼ毎日かかさずに通い、パンダの様子を伝える人気ブログ『毎日パンダ』を更新し続けている高氏さんと、パンダ好きが高じて「パンダライター」になった二木さんにインタビュー。パンダを愛する楽しさをうかがいました。

また、絶滅の危機にあるパンダとともにいられる未来のために、わたしたちにできることもぜひ一緒に考えてみましょう。

これでパンダを愛するときの心構えもばっちり。さあ、いよいよあなたも「パンダ沼」へさらにあしを踏み入れ、パンダへのときめきで生活を豊かにする“パン活”をスタートしましょう！

＼教えて！／
パン活先輩インタビュー

1

高氏（たかうじ）貴博（たかひろ）さん

365日、上野のパンダの様子を更新し続ける日本一有名なパンダブログ『毎日パンダ』の管理人。本業はWEBデザインやDTPデザイン、カメラマンなど。

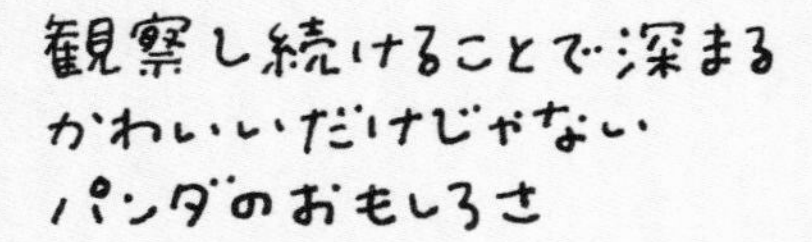

——パンダにハマったきっかけは？

最初は単純で、仕事の空き時間に上野公園をぶらぶらしていたとき、軽い気持ちで動物園に立ち寄ったんです。そこでパンダを目にしたらもう、とにかくかわいくて……！　シルエットがユニークだったり、動きがとてもおもしろかったり、「かわいいだけじゃなくておもしろい」ということが僕に大ヒットし、気がついたら年間パスポートを買っていました（笑）

——ときどきではなく、「毎日」見に行くことにしたほど惹かれたのですね。

そのころはとても忙しかったので、パンダのゆるい感じに特に惹かれたのだと思います。パンダを見ているときは、パンダのゆっくりした時間に合わせることができるので、とても癒やされました。そこから、「年パスがあるから行っちゃおう」というのが数日から数週間、そして1か月続き、そのあたりからパンダの顔のちがいがよくわかるようになったんです。

——継続が新しい扉を開いたのですね！

そうなんです！　顔のちがいがわかるようになると、性格のちがいや行動のちがいもわかるようになりました。世界がばーっと広がった感じがして、ますますおもしろくなってきました。あのとき通いはじめなかったら、「パンダ、かわいかったな〜」で終わっていたと思います。１か月通って世界が広がってから、どんどん夢中になっていきました。

——パンダ観察を楽しむコツがあれば、ぜひ教えてください。

それこそ、何度も通って、観察し続けることが大事なのかなと思います。僕はそれまで、動物にくわしかったとか興味があったとかいうことはぜんぜんなかったのですが、観察を続けることで見えてくるものがあったのは、おもしろい感覚でした。「今日はちょっと落ち着かないな」とか、「いつもはこの竹が好きでよく食べるのに今日は食べないのかな」とか。観察し続けているからこそのかわいさがあります。

パンダを独占したくないから仕事にはしない

——高氏さんは、ブログを毎日更新してパンダのかわいさを伝えていらっしゃいますが、なぜこのような活動をしているのですか？

1人でも多くのひとに、パンダのかわいさや存在を知ってほしいという気持ちからです。自分だけ見ておしまいじゃなくて「今日もこんなにかわいい姿が見られました」ってみんなと共有したい。ブログをきっかけに友達が増えたり、自分より何倍もパンダに詳しい方からいろいろと教えてもらったり、とてもありがたいです。

——写真集を刊行されたりしていますが、仕事にはしないのでしょうか？

僕は「パンダを仕事にはしない」と決めています。パンダの写真を撮るのが仕事だったら、1番かわいい写真を撮ってくるのが正解になります。そうすると一般のお客さんがいる中でひとをかき分けて1番いいポジションで撮らなくちゃいけない。そういうパンダとの会い方は僕らしくないなと思うのです。

——「みんなのためのパンダ」ということですね。

僕の中の「パンダを独占したくない」という気持ちが強いんです。それから、仕事にするとその収入は生活費になりますが、パンダに関することは趣味だと割り切ると、それによって得た収入はパンダのための寄付にまわせます。自分の活動が直接パンダの施設になったりえさになったりする。これほどやりがいのあることはないです。

パンダは広い世界への入口！

——これからパン活をはじめるひとへのアドバイスをお願いします！

回数を重ねて何度も見てほしいなと思います。パンダは1日の半分以上の時間を寝てすごしているので、「はじめてパンダに会ったのに、かわいい動きを見られなかった」ということも多いと思うのですが、それでおしまいにしないで、せっかくだからもう1回並んでちゃんと顔も見るなどをしてみて、いろんな姿を楽しんでほしいです。

——パンダを見に行くのにおすすめの時期はありますか？

おすすめの季節は冬です。パンダは寒さに強いので冬の方が活動的ですし、冬は動物園がすこし空いています。雪なんか降っちゃうとパンダも僕も大喜びです。また、雨の日も素敵です。雨の日になるとパンダは室内に入ることが多いのですが、庭にいるときは、濡れながらえさを食べている姿が見られることもあります。

——パンダを見るときに気をつけたいことはありますか？

まずは何より「パンダファースト」なので、パンダにストレスを与えないことが1番です。また、人気動物のパンダは見たいひとが多くいるため、観覧のマナーも気にしています。小さな子が来ているときは前に立って邪魔しないようにとか。みんなでパンダを楽しみたいです！

＼教えて！／
パン活先輩インタビュー
2

二木繁美(にきしげみ)さん

パンダライター＆イラストレーター。パンダを書き、描き、パンダスポットをめぐったりパンダグッズをつくったりと、精力的に活動。著書『このパンダ、だぁ〜れだ？』が講談社ビーシー／講談社より発売中。

提供：二木繁美

癒やしをもとめ、パンダ沼にハマる

――パンダにハマったきっかけは？

子どものころ、家に大きなパンダのぬいぐるみがあったんです。抱えている写真が残っているのですが、そのぬいぐるみによってパンダへの愛情がすり込まれたのだと思います。でも生まれ育った愛媛にはパンダがいないので、見る機会もなくおとなになりました。ところが、就職してからパンダ愛が再燃したんです。

――再燃したのは、何がきっかけだったのですか？

たぶんストレスですね（笑）頭の片隅に残っていたパンダに癒やしをもとめて、グッズを買いはじめました。そしたらだんだんとグッズが増えてきて。そのうち「実際のパンダに会いたいな！」と思うようになり、どこにいるかを調べました。

――実物のパンダを見て、いかがでしたか？

「なんてかわいい動きをするの！」と衝撃を受けました。グッズは動かないですし、今みたいにSNSとかもなく、あまり動いている様子を見ることもなかったので、衝撃は大きかったです。

――二木さん的に、「パンダのここが一番かわいい！」というところは？

目がかわいいです！ パンダの目は「意外と鋭い」と言われているのですが、よく見たらけっこうキラキラっとしているんです。おいしい竹を見つけたときに、目をつぶって味わっているのもキュンときちゃいます。耳もかわいいです！ 食べているときにぴくぴく動くのがたまりません。固い竹をかむために顔の筋肉が動くんです。それから、「今どんな気持ちなのかな〜」と想像できるくらい、表情が豊かなところもかわいいです！

SNSのフォローから気軽に沼にハマってみて！

――パン活をこれからはじめるひとへアドバイスをお願いします！

まずはパンダがいる動物園の公式SNSをフォローすることです。これはマスト！（笑）正しい情報を知ることができるし、飼育員さんの目線で撮影したパンダを見ることができます。ずっと見ていると、それぞれの性格や食べものの好き嫌いなんかもわかるようになってきます。みなさん、親のような気持ちで成長を楽しんでおられます。

——欠かせないイベントとかはありますか？

やっぱり誕生日です！ 年齢の入った記念グッズなどが出たりします。上野動物園周辺でも、特に誕生日のときには町をあげてすごく盛りあがります。商店街に垂れ幕がかかったり、お誕生日ならではのサービスがあったり。そういう雰囲気ごと楽めるのがいいですね。

——パンダを見に行くときのアドバイスはありますか？

わたしは朝一に行くようにしています。朝はパンダも起きているので。もちろん、寝相もかわいいのですが、やっぱり、みなさんは動いているところを見たいかなと思うので、基本は朝一がおすすめです。開園した後に行ったらもう列ができていた、ということも多いので、開園前から並ぶのもいいかもしれません。

プロとして パンダについて伝えるときに 考えていること

——パンダの生態などについては、どのように学んだのですか？

仕事として飼育員さんにお話を聞くようになったときに、やっぱりある程度の下調べをしないと深いお話が聞けないので、必死で調べました。読者にとって新しい発見があるような良い記事にするために、こういうことを聞こう、ああいうことも聞こうと思うと、どんどん知識が広がっていって、自分の中でもさらにおもしろくなってきました。

——プロとしてパンダの魅力をたくさんのひとに伝えるにあたって、特に意識していることはありますか？

自分の思い込みをはずして、客観的に伝えることです。わたしはやっぱりパンダが大好きなので、いちファンに戻ってしまいそうになるときもありますが、その気持ちをぐっと抑え、誇張しすぎず客観的に事実を述べるように意識しています。飼育員さんや担当の方へのインタビュー内容を伝えるときには、原稿の確認時に正しい表現を指摘してもらうこともあります。パンダが好きという気持ちも大切にしながら、でも、みなさんに正しい情報を伝えることを1番意識しています。

——「パンダが好き！ かわいい！」ばかりだと主観的になってしまいますもんね。

パンダの生態に関してもきちんと伝えたいです。たとえば親離れのときには「かわいそう」という意見が出ます。昨日まで一緒にいたものを無理やり引き離すので、たしかにかわいそうですよね。でも、野生では当たり前のことで、各園その時期をきちんと考えてやっているということを知ると「そういう意味があったんだ」って思ってくれる方もいらっしゃいます。

——ちゃんと伝えることで、知って安心してもらうことができるのですね。

日本生まれのパンダの返還に関してもです。最初は「なんで返しちゃうんだ」と思っていても、向こうで繁殖に参加するなどの大事な役割を知れば、「笑顔で送ってあげなきゃ」って思えるようになる方もいます。パンダが大好きな方々の気持ちに寄り添いながら、事実をきちんと伝えていけたらと思っています。

パンダとともにいられる未来のためにわたしたちにできること

現在、野生のジャイアントパンダの数は約1900頭。絶滅の危機にあるパンダがこれからもくらしていけるように、わたしたちに何ができるのでしょうか？

1 まずは、知ること。そして誰かに伝えること

野生パンダの現状

野生のパンダがくらすのは、中国の四川省などの標高1300～3500mの高山帯。生息地は20に分断されたごく小さな範囲に限られ、すべての生息地をあわせても九州の半分ほどしかありません。野生パンダの数は2024年1月時点で約1900頭。かつては約1000頭にまで減っており、さまざまな保護活動が実を結んで数が増えているのがわかります。しかし、残されたわずかな生息地の開発などにより、まだまだ絶滅の危機にあるといえます。

繁殖の取り組み

ジャイアントパンダは、日本をふくむ世界の国々で飼育され、繁殖の取り組みがおこなわれています。現在、世界中で飼育されている数は500頭を超え、その多くが飼育下で生まれたパンダです。中国では、飼育下で生まれたパンダを野生復帰させる取り組みもおこなわれ、繁殖の研究と実践がパンダの保護につながっています。また、動物園での飼育と展示は、パンダをはじめとする野生動物の現状を多くのひとに伝える役割も果たしています。

2 保護活動をサポートできる商品を買う

パンダを飼育する施設では、パンダの保護や生息環境の保全の取り組みなどを積極的におこなっています。そうした施設公式の商品などを購入することで、保護活動を応援することができます。

ジャイアントパンダ保護サポート基金

公益財団法人東京動物園協会が運営する基金。上野動物園などで販売している「パンダドネーション商品」を購入すると、売り上げの一部が基金に寄付され、支援金はパンダの現状を伝える普及活動や上野動物園でのパンダの飼育環境の向上、パンダの生息地の保全活動などに利用されます。

「ほんとの大きさパンダの仔」ぬいぐるみ
提供：（公財）東京動物園協会

パンダバンブープロジェクト

アドベンチャーワールドがおこなっているプロジェクト。里山を荒廃させる竹を伐採してパンダの食事として活用し、さらにパンダが食べ残した竹などを素材として利用したグッズを販売することで、「竹資源の循環」「生物多様性を保全する森づくり」など複数の社会課題の解決をめざしています。

「PANDAYS」は、このプロジェクトから生まれたテーブルウェア商品　提供：アドベンチャーワールド

3 パンダの保護活動をおこなう団体に寄付する

寄付は、最もわかりやすい貢献です。上記のジャイアントパンダ保護サポート基金も、上野動物園での募金箱やWebサイトで寄付を募っています。ほかにも、世界で活動する保護団体があります。

WWF（世界自然保護基金）

WWFは100か国以上で活動している環境保全団体で、1961年にスイスで設立されました。ひとと自然が調和して生きられる未来をめざして、サステナブルな社会の実現を推し進めています。特に、失われつつある生物多様性の豊かさの回復や、地球温暖化防止のための脱炭素社会の実現に向けた活動をおこなっています。

日本パンダ保護協会

日本のNPOで、中国の臥龍中国パンダ保護研究センターなどへ、中国でのパンダ保護に支援をする日本の窓口として活動しています。年会費の支払いや里親制度による寄付などで、保全活動を支援するほか、パンダの本の出版活動などもおこなっています。

あとがき

動物学者のわたしから、この本を読んでくださっているみなさんに
お伝えしたいことがあります。
それは「パンダもわたしたちと同じ、地球の生きものの一員である」ということです。

パンダに会うために動物園に出かけたあなたは、どんなことを期待するでしょうか？
「パンダのかわいいしぐさをいっぱい見て、癒やされたいなぁ」という気持ちでしょうか。
ところが実際に見に行ってみたら、
パンダが１度もこちらに顔を向けることなく、
おしりを向けてずっと寝ていたらどうでしょう。
「ちょっと残念だな」なんて思ってしまうのではないでしょうか？

でも、この本を読んでくださったみなさんなら、
きっとわかってくれると思います。
パンダは、アニメのキャラクターや、動物園のマスコットではありません。
わたしたちと同じ、生きものなのです。

パンダは本来、中国の高い山にいる「ジャイアントパンダ」という動物です。
長い間その環境で一生懸命くらしてきたからこそ、今のパンダの姿があります。
パンダがいつも寝てばかりいるのには、パンダなりの理由があります。
いつもこちらの思い通りのしぐさをしてくれないことだって、
パンダが生きものであるからこそといえるでしょう。
みなさんにはぜひ、何度もパンダに会いに行って、
じっくりと観察してみていただきたいです。

すると「どうしてパンダはいつも寝ているのだろう？」とか
「パンダにも好き嫌いがあるのかな？」とか、
ジャイアントパンダという生きものの生態について、
いろいろな疑問がわいてくると思います。
そんなときにこの本で少し知識を増やして、
パンダの行動の理由や意味を想像してみると、
きっととても楽しく感じることでしょう。
そのときにはもう、あなたは「パンダ沼」にハマりはじめています。

人間は、自分たちが地球の支配者であるかのように思ってしまいがちですが、
人間も、ほかの動物たちと同じ、地球の生きものです。
生きもののことを知ることで、
自分たち以外の命を思いやることができるのだと、わたしは考えています。
熱い想いで真剣にパンダを愛する「パンダ沼」の住人たちは、
生きものを思いやり、行動している人たちがたくさんいます。

まずは動物に興味をもって、すこしでも知ることから。
この本を手に取ったこともそのひとつです。
ようこそ、奥深い「パンダ沼」へ。
さぁ、さらにもう一歩こちらへどうぞ。

今泉忠明

参考文献

『教科で学ぶ パンダ学』
稲葉茂勝（著）小宮輝之（監修）　今人舎

「ケトルVol.01」　太田出版

『このパンダ、だぁ～れだ？』
二木繁美（著）　講談社ビーシー／講談社

『こんにちは！ ふたごのパンダ シャオシャオ＆レイレイ』
高氏貴博（著）　宝島社

『知らなかった！ パンダ：アドベンチャーワールドが29年で20頭を育てたから知っているひみつ』
アドベンチャーワールド「パンダチーム」（著）　新潮社

「どうぶつと動物園」2022年秋号（No.728）
公益財団法人 東京動物園協会

『パンダ飼育係』阿部展子（著）　KADOKAWA

「パンダ自身」光文社

『パンダ ネコをかぶった珍獣』
倉持浩（著）　岩波科学ライブラリー

『パンダのずかん』roko（絵）今泉忠明（監修）　Gakken

『愛くるしすぎるイキモノ パンダのすべて』
今泉忠明（監修）　廣済堂出版

『パンダの祖先はお肉がお好き』
土屋健（著）木村由莉、林昭次（監修）　笠倉出版社

『パンダワールド We love PANDA』
中川美帆（著）　大和書房

『ミッション・パンダ・レスキュー』
キットソン・ジャジンカ（著）土居利光（監修）
ハーパーコリンズ・ジャパン

『リーリーとシンシン』日本パンダ保護協会、
中国パンダ保護研究センター（編）　二見書房

『UENO ZOO PANDA BOOK　上野動物園公式パンダブック』
恩賜上野動物園（著）　公益財団法人 東京動物園協会

おいでよ！ パンダ沼への招待状

発行日　2024年3月25日 初版第1刷発行
　　　　2024年5月10日　　第3刷発行

監　　修　今泉忠明
発 行 者　岸 達朗
発　　行　株式会社世界文化社
〒102-8187 東京都千代田区九段北4-2-29
電話 03-3262-6632（編集部）
電話 03-3262-5115（販売部）
印刷・製本　中央精版印刷株式会社

編　　集　佐久間友梨
編集協力・執筆　矢部俊彦
校　　正　株式会社円水社

ブックデザイン　窪田実莉
イラスト　nanako

取材協力　恩賜上野動物園
アドベンチャーワールド
神戸市立王子動物園
高氏貴博
二木繁美

写真提供　高氏貴博
（公財）東京動物園協会
アドベンチャーワールド
神戸市立王子動物園
あきひん
川辺
木登好雄
桜の桃と梅
にーやん
沼ピキ子
ハヤ
パンダdeぱんだ
az
hanak
MaiMai_panda
NoG
Pandaism
panpanda565
run
yosipanmofmof

ISBN978-4-418-24400-3